Lehrstuhl und Institut
für Wasserbau und Wasserwirtschaft
Rheinisch-Westfälische Technische Hochschule Aachen

153 Herausgeber: Univ.-Professor Dr.-Ing. Jürgen Köngeter

Mitteilungen

Andreas van Linn

Automatische Optimierung zur Bewertung und Risikoanalyse einer Hochwasserschutzmaßnahme

Diese Dissertation ist auf den Internetseiten der Hochschulbibliothek online verfügbar.

Bibliografische Information der Deutschen Nationalbibliothek
Die Deutsche Nationalbibliothek verzeichnet diese Publikation in der Deutschen Nationalbibliografie; detaillierte bibliografische Daten sind im Internet über http://dnb.d-nb.de abrufbar.

Zugl.: RWTH Aachen University, Diss., 2006

Printed in Germany.

ISBN 978-3-8322-7741-3
ISSN 1437-8477

Shaker Verlag GmbH • Postfach 101818 • 52018 Aachen
Telefon: 02407 / 95 96 - 0 • Telefax: 02407 / 95 96 - 9
Internet: www.shaker.de • E-Mail: info@shaker.de

Vorwort

Die vorliegende Dissertation entstand während meiner Tätigkeit als Wissenschaftlicher Mitarbeiter und Doktorand am Lehrstuhl und Institut für Wasserbau und Wasserwirtschaft (IWW) der RWTH Aachen. Ich danke Herrn Universitätsprofessor Dr.-Ing. Jürgen Köngeter für die Übernahme des Hauptreferates und die erfolgreichen Jahre, die ich mit genügend Freiheiten und einer fortwährenden Unterstützung versehen, am IWW verbringen durfte.

Im Rahmen meines Forschungsaufenthaltes über ein Stipendium des Deutschen Akademischen Austauschdienstes (DAAD) an der Versuchsanstalt für Wasserbau, Hydrologie und Glaziologie (VAW) der ETH Zürich erhielt ich entscheidende Impulse zur Verwirklichung dieser Arbeit. Für die freundliche Aufnahme als Gast bei der VAW und für die Übernahme des Zweitreferates bedanke ich mich bei Herrn Professor Dr.-Ing. Hans-Erwin Minor.

Meinen ehemaligen Kollegen, studentischen Mitarbeitern und Freunden möchte ich herzlich für die Unterstützung und die belebten fachlichen Diskussionen danken, besonders aber auch dafür, dass sie stets für ein gesundes Maß an Ablenkung gesorgt haben.

Ein großer Dank gilt meinen Eltern und Geschwistern, die mich stets in meinem Vorgehen bestätigt und unterstützt haben.

Frau Andrea Thielen gilt mein besonderer Dank für ihre Liebe, Zuneigung und Unterstützung nicht nur während der Anfertigung dieser Arbeit.

Zürich im Oktober 2005 Andreas van Linn

Kurzfassung

Zur Ermittlung der optimalen Lösung einer Deichtrasse mit einer ins Grundwasser einbindenden Spundwand als Hochwasserschutzmaßnahme wird ein automatisches Optimierungssystem aufgebaut. Die Baumaßnahme hat die Aufgabe, das Siedlungsgebiet im Hinterland vor Überschwemmung und Grundwasseranstieg zu schützen. Im Rahmen einer Grundsatzstudie erfolgt der Aufbau eines numerischen TESTMODELLS. Zunächst erfolgt die grundsätzliche Eignungsprüfung des Optimierungssystems an einem stationären Modellbeispiel mit vereinfachtem Bewertungsansatz. Im nächsten Untersuchungsschritt wird eine instationäre Hochwasserwelle als Randbedingung eingebunden. Neben der verbesserten hydraulischen Beschreibung des Optimierungsproblems wird das Bewertungsmodul durch den Ansatz statistisch und empirisch begründeter Kostenfunktionen erweitert, so dass eine monetäre Bewertung jeder vorgeschlagenen Variante erfolgen kann. Den Schwerpunkt der Untersuchungen am TESTMODELL bildet die Einführung der *indirekten* Parametrisierung, die Geometrieinformationen aus dem diskretisierten Finite- Elemente Netz dafür nutzt, die benötigte Anzahl an Parametern zur Beschreibung einer Lösungsvariante zu reduzieren. Die Reduzierung der Parameteranzahl durch die *indirekte* Parametrisierung verbessert die Optimierung nachhaltig. Unter Einhaltung der Objektivität und Sicherung der „Validität" können sowohl die Zuverlässigkeit als auch die Effizienz der Optimierung gesteigert werden. Im dritten Untersuchungsschritt mit dem TESTMODELL wird eine ganzheitliche Risikoanalyse in das Bewertungsmodul eingebunden. Im Rahmen der Risikountersuchungen ist es möglich die Hochwassersicherheit einer Maßnahme bis zu einem bestimmten Bemessungshochwasser und darüber hinaus zu beurteilen. Die Übertragung des Automatisierungssystems auf eine praxisrelevante Fragestellung erfolgt im Anwendungsbeispiel *Weißer Bogen*. Damit werden die Möglichkeit aber auch die Grenzen der praktischen Umsetzung eines automatischen Optimierungssystems zur Beantwortung umfassender Fragestellungen im Wasserbau herausgestellt.

Inhaltsverzeichnis

Vorwort ... III

Kurzfassung ... IV

Inhaltsverzeichnis ... V

Verzeichnis der Formelzeichen und Symbole ... VIII

Verzeichnis der Abbildungen ... X

Verzeichnis der Tabellen ... XVI

1 Einleitung ... 1

1.1 Thematik ... 1

1.2 Fragestellung und Ziele ... 2

1.3 Problemstellung ... 4

1.4 Vorgehensweise ... 7

2 Gesamtüberblick ... 8

2.1 Stand der Technik ... 8

2.2 Anforderungen an das numerische Modell ... 10

2.3 Anforderungen an den automatischen Algorithmus ... 10

3 Grundlagen des Optimierungssystems ... 12

3.1 Überblick ... 12

3.2 Parametrisierung ... 13

3.2.1 Allgemeines ... 13

3.2.2 Deichtrasse und Einbindetiefe der Spundwand ... 15

3.3 Numerisches Grundwassermodell FESSIM ... 15

3.3.1 Mathematische Grundgleichungen ... 15

3.3.2 Quasi-3D-Modellierung ... 17

3.4 Optimierungsalgorithmus ... 20

3.4.1 Allgemeines ... 20

3.4.2 Derandomized Evolutionary Strategy ... 21

3.5 Bewertung ... 24
3.5.1 Allgemeines ... 24
3.5.2 Risikoanalyse ... 24
3.5.3 Kosten und Nutzen ... 29
4 Optimierungssystem -TESTMODELL ... 31
4.1 Überblick ... 31
4.2 Objektparameter - Nebenbedingungen ... 32
4.3 Abbruchkriterium ... 32
4.4 Modellprinzip ... 32
4.5 Modellaufbau ... 34
4.6 Automatische Optimierung - Stationäres Modell ... 35
4.6.1 Allgemeines ... 35
4.6.2 Optimierungsparameter ... 35
4.6.3 Objektparameter ... 35
4.6.4 Materialwerte ... 37
4.6.5 Modellrandbedingungen ... 38
4.6.6 Evaluierung ... 38
4.6.7 Optimierung und Ergebnisse ... 38
4.7 Automatische Optimierung und Parameterstudie - Instationäres Modell ... 41
4.7.1 Allgemeines ... 41
4.7.2 Materialparameter ... 42
4.7.3 Modellrandbedingungen ... 42
4.7.4 Objektparameter - Nebenbedingungen ... 45
4.7.5 Bewertung ... 47
4.7.6 Parameterstudie ... 51
4.8 Automatische Optimierung und Risikoanalyse – Instationäres Modell ... 57
4.8.1 Allgemeines ... 57
4.8.2 Materialparameter ... 57
4.8.3 Modellrandbedingungen ... 58
4.8.4 Objektparameter ... 59
4.8.5 Bewertung und Risikoanalyse ... 60
4.8.6 Ergebnisse ... 62

5 Anwendungsbeispiel Weißer Bogen Köln 73

5.1 Überblick 73

5.2 Gegebene Untersuchung „Weißer Bogen“ 73

5.3 Erweiterung „Weißer Bogen“ 74

5.4 Modellgrundlagen 75

5.5 Modellaufbau 77

5.5.1 Finite Elemente Diskretisierung 77

5.5.2 Numerisches Grundwasserströmungsmodell 80

5.6 Automatische Optimierung 84

5.6.1 Modellrandbedingungen 84

5.6.2 Objektparameter – Nebenbedingungen 88

5.6.3 Bewertung und Risikoanalyse 90

5.6.4 Ergebnisse 93

5.7 Fazit – Anwendungsbeispiel 107

6 Zusammenfassung 108

7 Ausblick 112

Verbesserung der Programmarchitektur 112

Wahl des numerischen Berechnungsmodells 113

Entwicklung der Computersysteme 113

Literatur 115

Verzeichnis der Formelzeichen und Symbole

Koordinaten, Indizes, Faktoren, Funktionen und Vereinbarungen

Sämtliche Formelzeichen und Symbole werden an den in der Dissertation verwendeten Stellen im Kontext angegeben und erläutert. Die wesentlichen Angaben werden in diesem Verzeichnis zusammengestellt.

Symbol	Bedeutung	Einheit
δ	Schrittweite	
$\Delta\square$	Differenz zweier Größen, Weite	
E	Elter	
f	Funktion	
F_{KR}	Kapitalrückflussfaktor	
g	Index Generation	
G, I, K, S	Kosten	
i, j, k, I, II	Laufindex, Zähler	
K	Klasse	
λ	Anzahl Nachkommen	
n	Anzahl	
P	Parameter	
R	Risiko	
t	Zeitkoordinate	[T]
$x_i = x, y, z$	Globale Koordinaten	[L]
ξ	Variationsfaktor	
z	Zufallszahl	
$\square_a$	Jährlicher Wert	
$\square_{ges}$	Gesamter Wert	
$\square_{ij}$	Tensor	

$\square_{max}$	Maximaler Wert
$\square_{min}$	Minimaler Wert
$\square_{nnorm}$	Nicht normierter Wert
$\square_{norm}$	Normierter Wert
$\square_{scal}$	Skalierter Wert
$\square_{sel}$	Ausgewählter (Selektierter) Wert
$\vec{\square}$	Vektor
$\bar{\square}$	Mittlerer Wert

Es gilt die Einsteinsche Summenkonvention

Skalare Größen

F	Fläche	[L^2]
h	Standrohrspiegelhöhe	[L]
H	Höhenkote	[L]
L	Länge	[L]
mdt	Mittlere zusätzliche Einbindetiefe	[L]
$spwh$	Spundwandhöhe (Deichhöhe)	[L]
S_s	spezifischer Speicherkoeffizient (3D)	[1/L]
S_s^*	spezifischer Speicherkoeffizient (2D)	[-]
q_{QS}	Quell- und Senkenterm (3D)	[1/T]
Q_{QS}	Quell- und Senkenterm (2D)	[L/T]
z	Einbindetiefe	[L]

Tensorielle Größen

k	Durchlässigkeit	[L/T]
T	Transmissivität	[L^2/T]

Verzeichnis der Abbildungen

Abbildung 1.1: Flussnahes Überschwemmungsgebiet ohne Schutzmaßnahme 5

Abbildung 1.2: Flussnahes Überschwemmungsgebiet mit Schutzmaßnahme 5

Abbildung 1.3: Schnittdarstellung Hochwassersituation ohne Schutzmaßnahme 5

Abbildung 1.4: Schnittdarstellung Hochwassersituation mit Deich 6

Abbildung 1.5: Schnittdarstellung Hochwassersituation mit Deich und Spundwand 6

Abbildung 3.1: Schema der Module eines Optimierungssystems (nach van Linn & Köngeter, 2005) 12

Abbildung 3.2: Grundwasserstauer, modelliert durch ein vertikales Prismenelement (nach Pelka, 1988) 18

Abbildung 3.3: Dreidimensionales Modellgebiet (aus BACHMANN ET AL., 2005) 18

Abbildung 3.4: Prinzip der quasi-3D-Modellierung (aus BACHMANN ET AL., 2005) ... 19

Abbildung 3.5: Prinzipdarstellung der CAUCHY (LEAKAGE) Randbedingung (aus BACHMANN ET AL., 2005) 20

Abbildung 3.6: Wechselspiel zwischen Auswahl und Generierung im Optimierungsprozess 23

Abbildung 3.7: Prinzip einer Schadensfunktion: Schaden in Abhängigkeit der Überflutungshöhe 25

Abbildung 3.8: Abschätzung von Extremwasserständen 26

Abbildung 3.9: Schaden in Abhängigkeit diskreter Hochwasserereignisse 27

Abbildung 3.10: „Einzelrisiken" in Abhängigkeit der Jährlichkeit des Hochwasserereignisses und Gesamtrisiko 28

Abbildung 3.11: Schema der Risiko basierten Optimierung (nach TUNG, 2002) 29

Abbildung 4.1: Überblick willkürliches Untersuchungsgebiet TESTMODELL 31

Abbildung 4.2: Generalisierter Strömungspfad im Nahbereich der Spundwand 33

Abbildung 4.3: Diskretisierung [Δ] des ersten Modellleiters; Randbedingungen (CAUCHY [○] am Fluss; DIRICHLET [•] am linken Rand), Bewertungsfeld im Siedlungsgebiet [|||] und Suchbereich für den Deichverlauf [- - - -] 34

Abbildung 4.4: Ermittlung der Spundwandelemente aus *direkten* Parametern....36

Abbildung 4.5: Berechnete Grundwassergleichen [m] für die Startvariante: $\vec{x}_0^0 = (0.5 \quad 0.5 \quad 0.5 \quad 0.5 \quad 0.5)$ 37

Abbildung 4.6: Materialparameter im stationären TESTMODELL....38

Abbildung 4.7: Grundwassergleichen [m] nach viertem Optimierungslauf: $\vec{x}_4^1 = (0.649 \quad 1.000 \quad 1.000 \quad 1.000 \quad 0.000)$ 39

Abbildung 4.8: Grundwassergleichen [m] nach 11. Optimierungslauf: $\vec{x}_{11}^2 = (0.000 \quad 1.000 \quad 1.000 \quad 0.000 \quad 0.000)$ 40

Abbildung 4.9: Prinzip der Spundwandunterströmung bei stationären Randbedingungen und unter Ausschluss der Spundwandüberströmung....40

Abbildung 4.10: Materialparameter im instationären TESTMODELL 42

Abbildung 4.11: Isolinien [m] der Geländeoberkante nach empirischer Formel (13) ...43

Abbildung 4.12: Extrapolation der Hochwasserganglinie am Pegel Köln von 1988 auf ein hundertjährliches Hochwasser (*HW100*)....44

Abbildung 4.13: Zusammenhang zur Berechnung der Randbedingung auf Grundlage der Pegel-/Hochwasserstände (HW) des Flusses 45

Abbildung 4.14: Ermittlung der Spundwandelemente aus *indirekten* Parametern 46

Abbildung 4.15: Schlüsselzuordnung der *indirekten* Parametrisierung....47

Abbildung 4.16: Spundwandkosten pro laufenden Meter in Abhängigkeit von der Rammtiefe 49

Abbildung 4.17: Empirische Schadensfunktion in Anlehnung an SCHMIDTKE (1995)..50

Abbildung 4.18: Anzahl Evaluierungen bis zur Abbruchbedingung für *100* Optimierungsläufe je Parametrisierung....53

Abbildung 4.19: Optimierungsergebnis je Optimierungslauf für die *direkte* und *indirekte* Parametrisierung 54

Abbildung 4.20: Vergleich der resultierenden Grundwasserstände [m] aus den jeweils optimalen Spundwandvarianten bei der *direkten* und *indirekten* Parametrisierung 55

Abbildung 4.21: Diskrepanz bei Bewertung mit *direkter* und *indirekter* Parametrisierung infolge der Diskretisierung....56

Abbildung 4.22: Spektrum der Hochwasserganglinien....58

Abbildung 4.23: Maximaler Überschwemmungsbereich mit Grundwasserhöhen über Bezugsniveau [0 m] bei hundertjährlichem Hochwasser *HW100*, 12 m Deichhöhe und bei optimierter Variante (*2seg*) 59

Abbildung 4.24: Schäden durch einzelne Hochwasserereignisse im Optimierungsverlauf....62

Abbildung 4.25: Jährliche Kosten im Optimierungsverlauf: Spundwandkosten – Schadensrisiko – Gesamtkosten....63

Abbildung 4.26: Kosten in Abhängigkeit der Spundwandfläche....64

Abbildung 4.27: Spundwandverlauf der optimierten Variante (*1seg*) 65

Abbildung 4.28: Spundwandverlauf der optimierten Variante (*2seg*) 66

Abbildung 4.29: Ansicht der optimierten Spundwandlösungen (links: *1seg*; rechts: *2seg*) 66

Abbildung 4.30: Nutzen/Kosten Faktor im Optimierungsverlauf....67

Abbildung 4.31: Reduzierter Schaden und Restschaden bei Hochwasserereignissen diskreter Jährlichkeit 68

Abbildung 4.32: Reduziertes Risiko und Restrisiko von Hochwasserereignissen diskreter Jährlichkeit 68

Abbildung 4.33: negative minimale Flurabstände [m] für die Parametrisierungen *1seg* (links) und *2seg* (rechts) bei zweijährlichem Hochwasser (*HW2*) 69

Abbildung 4.34: negative minimale Flurabstände [m] für die Parametrisierungen (*1seg*) – links und (*2seg*) – rechts bei fünfjährlichem Hochwasser (*HW5*) 69

Abbildung 4.35: negative minimale Flurabstände [m] für die Parametrisierungen *1seg* (links) und *2seg* (rechts) bei zehnjährlichem Hochwasser (*HW10*) 70

Abbildung 4.36: negative minimale Flurabstände [m] für die Parametrisierungen *1seg* (links) und *2seg* (rechts) bei zwanzigjährlichem Hochwasser (*HW20*) 70

Abbildung 4.37: negative minimale Flurabstände [m] für die Parametrisierungen *1seg* (links) und *2seg* (rechts) bei fünfzigjährlichem Hochwasser (*HW50*) 70

Abbildung 4.38: negative minimale Flurabstände [m] für die Parametrisierungen *1seg* (links) und *2seg* (rechts) bei hundertjährlichem Hochwasser (*HW100*) 71

Abbildung 4.39: negative minimale Flurabstände [m] für die Parametrisierungen *1seg* (links) und *2seg* (rechts) bei zweihundertjährlichem Hochwasser (*HW200*) 71

Abbildung 4.40: negative minimale Flurabstände [m] für die Parametrisierungen *1seg* (links) und *2seg* (rechts) bei fünfhundertjährlichem Hochwasser (*HW500*) 72

Abbildung 4.41: negative minimale Flurabstände [m] für die Parametrisierungen *1seg* (links) und *2seg* (rechts) bei tausendjährlichem Hochwasser (*HW1000*) 72

Abbildung 5.1: Topographische Übersichtskarte (Quelle: Landesvermessungsamt NRW) 75

Abbildung 5.2: Grundwasserstände zum Zeitpunkt des Hochwasserscheitels (nach KÖNGETER ET AL., 2002) 76

Abbildung 5.3: Grundwasserstände zum Zeitpunkt des Hochwasserscheitels (Modell nach Kap. 4.4) 76

Abbildung 5.4: Differenzen der Modellergebnisse aus Abbildung 5.3 und Abbildung 5.2 77

Abbildung 5.5: Diskretisierungsdichte im Nahbereich der Spundwand im Modellgebiet *Weißer Bogen* 79

Abbildung 5.6: Höhen der Quartärbasis des Modellgebietes *Weißer Bogen* 81

Abbildung 5.7: Höhenlage der Geländeoberkante im Bereich des *Weißer Bogen* 82

Abbildung 5.8: Räumliche Verteilung der Deckschichtdurchlässigkeiten 84

Abbildung 5.9: Randbedingungen für das Grundwassermodell *Weißer Bogen* 85

Abbildung 5.10: Räumliche Verteilung der Grundwasserneubildung im *Weißer Bogen* (Quelle: Erftverband) 88

Abbildung 5.11: Stationierung und Einbindetiefe der Spundwand 89

Abbildung 5.12: Investitionskosten nach Gleichung (25) 92

Abbildung 5.13: Schäden durch einzelne Hochwasserereignisse in den Verbesserungsstufen des Optimierungsverlaufs (*Weißer Bogen*) 94

Abbildung 5.14: Jährliche Kosten im Optimierungsverlauf: Spundwandkosten – Schadensrisiko – Gesamtkosten (*Weißer Bogen*) 95

Abbildung 5.15: Kosten in Abhängigkeit der Spundwandfläche (*Weißer Bogen*) 96

Abbildung 5.16: Nutzen/Kosten Faktor im Optimierungsverlauf (*Weißer Bogen*) 97

Abbildung 5.17: Reduzierter Schaden und Restschaden bei Hochwasserereignissen diskreter Jährlichkeit (*Weißer Bogen*) 98

Abbildung 5.18: Reduziertes Risiko und Restrisiko bei Hochwasserereignissen diskreter Jährlichkeit (*Weißer Bogen*) 99

Abbildung 5.19: maximale Grundwasserstände der *Nullvariante* bei *HW2* 100

Abbildung 5.20: maximale Grundwasserstände der optimierten Variante (~*Ausgangsvariante*) bei *HW2* 100

Abbildung 5.21: maximale Grundwasserstände der *Nullvariante* bei *HW5* 101

Abbildung 5.22: maximale Grundwasserstände der optimierten Variante (~*Ausgangsvariante*) bei H5 101

Abbildung 5.23: maximale Grundwasserstände der *Nullvariante* bei *HW10* 101

Abbildung 5.24: maximale Grundwasserstände der optimierten Variante (~*Ausgangsvariante*) bei *HW10* 101

Abbildung 5.25: maximale Grundwasserstände der *Nullvariante* bei *HW20* 102

Abbildung 5.26: maximale Grundwasserstände der optimierten Variante (~*Ausgangsvariante*) bei *HW20* 102

Abbildung 5.27: maximale Grundwasserstände der *Nullvariante* bei *HW50* 102

Abbildung 5.28: maximale Grundwasserstände der optimierten Variante (~*Ausgangsvariante*) bei *HW50* 102

Abbildung 5.29: maximale Grundwasserstände der *Nullvariante* bei *HW100* 103

Abbildung 5.30: maximale Grundwasserstände der optimierten Variante (~*Ausgangsvariante*) bei *HW100* 103

Abbildung 5.31: maximale Grundwasserstände der *Nullvariante* bei *HW200* 103

Abbildung 5.32: maximale Grundwasserstände der optimierten Variante (~*Ausgangsvariante*) bei *HW200* 103

Abbildung 5.33: maximale Grundwasserstände der *Nullvariante* bei *HW500* 104

Abbildung 5.34: maximale Grundwasserstände der optimierten Variante (~*Ausgangsvariante*) bei *HW500* 104

Abbildung 5.35: maximale Grundwasserstände der *Nullvariante* bei *HW1000* 104

Abbildung 5.36: maximale Grundwasserstände der optimierten Variante (~*Ausgangsvariante*) bei *HW1000* 104

Abbildung 5.37: Gesamtrechenzeit der Optimierung (Bruttozeit) 105

Abbildung 5.38: CPU – Zeit des Optimierungsmoduls (Nettozeit) 106

Verzeichnis der Tabellen

Tabelle 1: Computerprogramme des Optimierungssystems: Matlab (.m), Shellscript (.sh), GNU-AWK (.awk) und FORTRAN (.f) ... 13

Tabelle 2: Schlüsselzuordnung bei indirekter Parametrisierung ... 14

Tabelle 3: Diskrete Kenngrößen zur Risikoermittlung (vgl. Abbildung 3.10) ... 61

Tabelle 4: Elementgröße im Bereich der Spundwand ... 78

Tabelle 5: Elementgrößen im Modellgebiet ... 78

Tabelle 6: Durchlässigkeitsklassen der Deckschicht ... 83

1 Einleitung

1.1 Thematik

Die extremen Hochwasserereignisse im August 2002 in Mitteleuropa an der Elbe verdeutlichen einmal mehr die Anfälligkeit unserer Gesellschaft gegenüber unvorhergesehenen Naturereignissen. Dies hat die Diskussion um einen nachhaltigen und verbesserten vorbeugenden Hochwasserschutz neu angeregt. Dabei ist die Frage nach dem Auftreten eines Ereignisses eng mit der Frage nach den dadurch verursachten Konsequenzen verbunden - also dem Risiko als das Produkt aus Eintrittswahrscheinlichkeit und dem resultierenden Schaden. Die Häufigkeit extremer Hochwasserereignisse und die durch sie hervorgerufenen Schäden haben in den letzten Jahrzehnten deutlich zugenommen. Die größere Anzahl der insbesondere meteorologisch bedingten Katastrophen wird häufig mit der globalen Erwärmung in Zusammenhang gebracht. Jedoch wachsen selbst bei gleichbleibender Gefährdung die Risiken, weil sich die Bebauungs- und Nutzungsaktivitäten in den überflutungsgefährdeten Gebieten verstärken und sich damit das Schadenspotential erhöht. Es stellt eine Gemeinschaftsaufgabe dar, dieser Risikoentwicklung entgegen zu wirken. Zur Beurteilung geplanter wasserbaulicher Maßnahmen in Form von Kosten-Nutzen-Untersuchungen ist die Abschätzung des Hochwasserrisikos für einzelne Gebäude, Siedlungsflächen und ganze Flussgebiete notwendig.

Auf Grundlage des *5-Punkte-Programms* der deutschen Bundesregierung, verabschiedet im September 2002, wurde der Gesetzentwurf zur Verbesserung des vorbeugenden Hochwasserschutzes vom Bundesministerium für Umwelt, Naturschutz und Reaktorsicherheit entwickelt. Im Mai 2005 ist das Gesetz in Kraft getreten (BMU, 2005). Bundeseinheitlich sollen Überschwemmungsgebiete bis fünf Jahre nach Verabschiedung des Gesetzes durch die Bundesländer festgelegt werden. Die Bemessungsgrundlage dafür ist ein 100-jährliches Hochwasser (HQ_{100}). Als zweite Kategorie werden überschwemmungsgefährdete Gebiete bestimmt, die im Fall des Versagens von Hochwasserschutzeinrichtungen oder im das Bemessungshochwasser übersteigenden Fall überflutet werden. Die Gebietskategorien werden in den Raumordnungs- und Bebauungsplänen gekennzeichnet und bilden die Grundlage für die Umsetzung einer wirksamen Hochwasservorsorge in den hochwasserrelevanten Rechtsvorschriften des Bundes (SCHROEREN, 2003).

Die Umsetzung und die Erreichung der geforderten Ziele ist noch Gegenstand der Bearbeitung der Bundesrepublik Deutschland, ihren Ländern und den Staaten in Europa. Planerische Aufgaben zur Durchführung von Hochwasserschutzmaßnahmen sind in diesem Zusammenhang gefordert. Deichrückverlegungen bzw. der Bau von Poldern sind in diesem Sinne Maßnahmen zur dezentralen Zurückhaltung von Hochwasser und zur „Errichtung von grünen Hochwasserrückhaltebecken". Die Aufgabe des planenden Ingenieurs erfordert umfassende Kenntnis insbesondere der hydrodynamischen Vorgänge im Untersuchungsgebiet und eine möglichst genaue Abschätzung der Folgen der geplanten Maßnahme. Als Hilfsmittel stehen, auf dem aktuellen Stand der Technik, numerische Modelle zur Verfügung, die dem Untersuchungsgebiet entsprechend diskretisiert, kalibriert und validiert werden müssen. Im Variantenstudium können damit Prognosen über die Auswirkungen der technischen Maßnahme im Hochwasserfall erstellt werden. In diesem sehr zeitaufwendigen Arbeitsschritt werden in der Regel mehrere Varianten vorgeschlagen, die es nach Durchführung und Auswertung der numerischen Berechnung zu vergleichen und zu bewerten gilt. Die Automatische Optimierung kann hierbei in Zukunft als unterstützendes Werkzeug für den planenden Ingenieur dienen.

1.2 Fragestellung und Ziele

Der Einsatz der Automatischen Optimierung bei der Gestaltung von Elementen des Maschinenbaus ist bereits seit langem erprobt und wirtschaftlich einsetzbar und gehört somit in diesem Fachgebiet zum aktuellen Stand der Technik (nach DEMNY, 2004). In jüngster Vergangenheit fand das Werkzeug der Automatischen Optimierung auch seine Anwendung zur Unterstützung klassischer Ingenieuraufgaben im Wasserbau. DEMNY (2004) erschließt die automatische Strömungsoptimierung zur Lösung von Gestaltungsaufgaben im Wasserbau. HOMANN (2004) konzipiert mit Hilfe der Automatischen Optimierung eine mit Entnahmebrunnen gesteuerte Grundwasserhaltung. VAN LINN (2004) beschreibt ein Vorhaben zur Automatischen Optimierung von Infiltrationsanlagen, die als Ausgleichsmaßnahmen in vom Tagebau beeinflussten Feuchtgebieten geplant werden.

Die im Rahmen dieser Arbeit betrachtete Fragestellung beschränkt sich, wie bei den oben genannten Autoren, im wesentlichen auf eine klassische Ingenieuraufgabe, die mit modernen Hilfsmitteln der Mathematik zeit- und kostenoptimiert gelöst werden soll. Dabei wird ein besonderes Augenmerk auf eine neue Art der Parametrisierung gelegt, die durch Reduzierung der Parameteranzahl eine Steigerung der Optimierungsleistung verspricht.

Im Untersuchungsgebiet „*Weißer Bogen, Köln*" wurden numerische Berechnungen zur Beurteilung einer Deichbaumaßnahme auf das Grundwasserverhalten durchgeführt (KÖNGETER ET AL., 2002). Die Fragestellung erforderte die Unbedenklichkeitsprüfung einer Planungsvariante zur Errichtung eines Deiches mit ins Grundwasser eingebundener Spundwand. Die Untersuchungen konnten u.a. mit Hilfe einer 2D- tiefengemittelten, numerischen Simulation im Rahmen der Aufgabenstellung zufriedenstellend und vollständig abgeschlossen werden. Eine Erweiterung der Fragestellung auf die Untersuchung unterschiedlicher Planungsvarianten des Deiches zur Ermittlung der optimalen Variante ist Gegenstand der vorliegenden Arbeit. Dies impliziert eine, in der Regel zeitaufwendige Anpassung des numerischen Modells und die entsprechende Durchführung und Auswertung der Berechnungen für jede neue Variante. Diese Defizite können unter Zuhilfenahme der Automatischen Optimierung reduziert werden. Zur Zeit fehlt dazu jedoch die Erfahrung insbesondere bei der praktischen Umsetzung. Bei der Anwendung der Automatischen Optimierung muss die Integration des Modells sowie der Kosten- und Zielfunktionen für jede neue Ingenieuraufgabe hergeleitet werden. Gegebenenfalls sind Modifikationen am numerischen Modell oder im Aufbau des Optimierungssystems zu automatisieren.

Die wesentlichen Ziele dieser Arbeit werden im Folgenden zusammengefasst:

- Es soll beispielhaft gezeigt werden, dass die Automatische Optimierung die Suche nach der optimalen Lösung für aktuelle Aufgaben aus dem Bereich des Hochwasserschutzes verbessern kann.
- Ein neuer Ansatz zur Wahl der Optimierungsparameter vermindert deren Anzahl ohne die Aussagefähigkeit des Modells zu reduzieren. Eine Parameterstudie beurteilt die Leistungsfähigkeit der *indirekten* Parametrisierung.
- Der Ansatz einer ganzheitlichen Betrachtung unter Berücksichtigung monetär bewerteter Kosten und Schadensfunktionen sowie der hydraulischen Auswirkungen des Hochwassers auf das Grundwasserregime wird verfolgt. Eine vollständige Risikoanalyse soll dabei automatisiert werden.
- In einem Anwendungsbeispiel sollen weitere Möglichkeiten und Grenzen der Automatischen Optimierung im Hochwasserschutz aufgezeigt werden.

1.3 Problemstellung

Gegenstand der Untersuchungen in dieser Arbeit ist die automatische Optimierung einer Hochwasserschutzmaßnahme in flussnahen Überschwemmungsgebieten. Abbildung 1.1 zeigt eine Luftaufnahme des Gebietes „Weißer Bogen, Köln“ mit einer angenommenen Überschwemmungssituation bei Hochwasser. Durch die Errichtung eines Deiches im Untersuchungsgebiet können direkte Überschwemmungen im Hinterland infolge eines Flusshochwassers verhindert werden (vgl. Abbildung 1.2).

Abbildung 1.1: Flussnahes Überschwemmungsgebiet ohne Schutzmaßnahme

Abbildung 1.2: Flussnahes Überschwemmungsgebiet mit Schutzmaßnahme

Abbildung 1.3 veranschaulicht eine Hochwassersituation in der Schnittdarstellung.

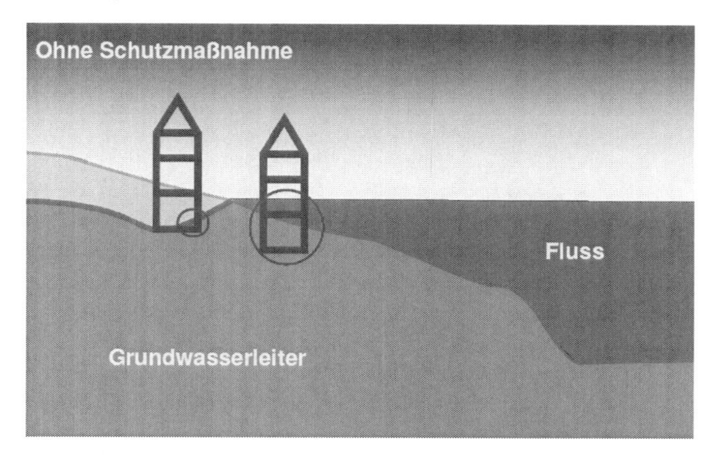

Abbildung 1.3: Schnittdarstellung Hochwassersituation ohne Schutzmaßnahme

Die Hochwasserschutzwirkung bei Errichtung eines Deiches wird in Abbildung 1.4. gezeigt.

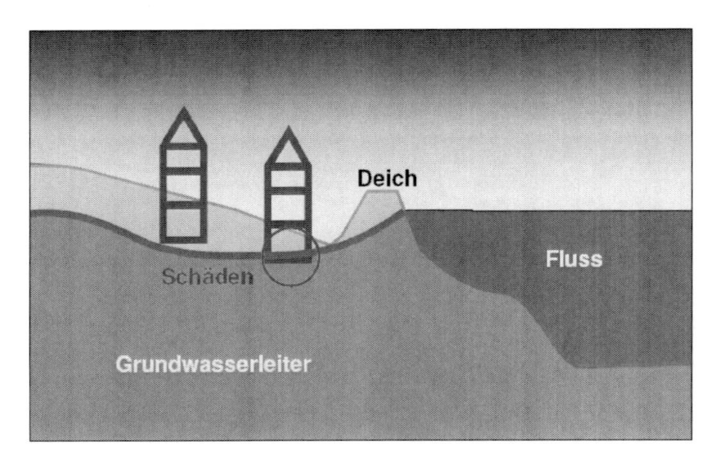

Abbildung 1.4: Schnittdarstellung Hochwassersituation mit Deich

Durch Einbindung einer Spundwand ins Grundwasser unterhalb des Deichverlaufes wird diese hydraulisch wirksam. Dadurch können die Grundwasserhöhen insbesondere hinter der Deichlinie reduziert werden (vgl.Abbildung 1.5).

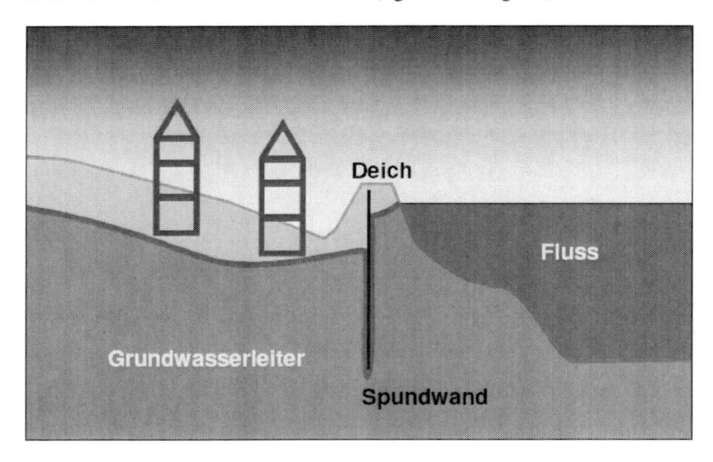

Abbildung 1.5: Schnittdarstellung Hochwassersituation mit Deich und Spundwand

Die so gewählte Hochwasserschutzmaßnahme aus Deich und Spundwand impliziert die wesentlichen zu optimierenden Größen. Zum einen ist dies der Verlauf des Deiches (der Spundwandverlauf ist derselbe) und zum anderen die Einbindetiefe der Spundwand.

1.4 Vorgehensweise

In Kapitel 2 werden der Stand der Technik erläutert und bestimmte Anforderungen an die Module des Optimierungssystems gestellt. Die Grundlagen der einzelnen Systemmodule sind Gegenstand in Kapitel 1. Dazu gehören sowohl mathematische Formulierungen wie konzeptionelle Überlegungen. Kern der vorliegenden Arbeit bildet Kapitel 4. Durch die Veränderung unterschiedlicher Module des Optimierungssystems werden die in Kapitel 1.2 formulierten Fragestellungen untersucht. Dazu wird in Anlehnung an typische flussnahe Gebiete ein numerisches Grundmodell (TESTMODELL) aufgebaut. Anhand des stationären TESTMODELLS (Kapitel 4.6) wird die grundsätzliche Tauglichkeit der Automatischen Optimierung zur Beurteilung des Grundwasserverhaltens bei der Errichtung eines Hochwasserschutzes unter Beweis gestellt. Dabei wird die zu optimierende Deichtrasse auf eine einzelne Strecke reduziert. Das spart Rechenzeit und ist für die Beantwortung der grundlegenden Fragestellung ausreichend. Die Parameterstudie wird am instationären TESTMODELL zur Berücksichtigung einer entsprechenden Hochwasserwelle vorgenommen. Mit den Erkenntnissen aus dieser Parameterstudie wird ein ganzheitliches Bewertungssystem zur automatischen Risikoermittlung in das Optimierungssystem integriert. Am Anwendungsbeispiel in Kapitel 5 wird die Praxistauglichkeit des Optimierungssystems getestet. Eine Zusammenfassung erfolgt in Kapitel 6, bevor der weitere Weg der automatischen Optimierung auf den aktuellen Stand der Technik in einem Ausblick in Kapitel 7 diskutiert wird.

2 Gesamtüberblick

2.1 Stand der Technik

Die numerische Strömungsmodellierung gehört mindestens seit den 1990er Jahren zu den Standardwerkzeugen im Ingenieurwesen des Wasserbaus. Beispiele zur Anwendung der Strömungsmodellierung liefern DEMNY ET AL., 2002; DORGARTEN ET AL., 1989; KINZELBACH & RAUSCH, 1995 und FORKEL, 2004. Während bei ausgeprägt dreidimensionalen Oberflächen-, Kanal- und Rohrströmungen auf die Beurteilung durch physikalische Modellversuche häufig nicht verzichtet werden kann, ist die Erschließung von Situationen im Grundwasser durch physikalische Modelle in der Regel nicht möglich. Auf der Grundlage einer guten Datenerfassung durch einzelne Grundwassermessstellen und geologische Aufschlüsse gehört der Aufbau numerischer Grundwassermodelle und mit diesen die instationäre Berechnung von Prognosen insbesondere bei Hochwassereinfluss zum Stand der Technik. Beispiele für derartige Modelle geben GWDLR (1997) am Oberrhein; ZIPFEL ET AL. (1997) am Niederrhein; SOMMER (2004) an der Elbe sowie KRAUS & PHARION (2004) an der Donau (nach HOMANN, 2004). Im Sinne eines nachhaltigen Hochwasserschutzes ist die Beurteilung und Optimierung von Schutzmaßnahmen mit Hilfe der numerischen Berechnung möglich.

In der heutigen Zeit gehört der Einsatz der Automatischen Optimierung in Verbindung mit einfachen Strömungsmodellen bereits zum Stand der Technik und der zeitliche Aufwand ist entsprechend geringer als beim manuellen Vorgehen (DEMNY, 2004). Besonders der Einsatz von Gradientenverfahren wurde in diesem Zusammenhang vielfach erprobt. Je nach Komplexität des numerischen Modells, die insbesondere mit einer größeren Anzahl zu optimierender Parameter und einer längeren Rechenzeit einhergeht, wird die manuelle Optimierung häufig durch die Verknüpfung mit einem deterministischen Algorithmus nur ergänzt. Eine vollständige Automatisierung ist nicht immer möglich (vgl. OSTROWSKI, 1982, IAHS, 1996; ACKERMANN, 1999; DEMNY, 2004). Der Einsatz von Gradientenverfahren setzt eine konvexe, stetige Zielfunktionen voraus. Ist dies bei der Optimierung vieler Bauteil- oder Bauwerksformen gegeben, gibt es viele Problemstellungen bei der die Zielfunktion mindestens eine dieser Eigenschaften vermissen lässt oder im Vorfeld mathematisch unbeschreibbar bzw. unbekannt ist. So stellen YOON & SHOEMAKER (1999) den Vorteil verschiedener heuristischer Optimierungsverfahren gegenüber den Gradientenmethoden heraus.

fahren gegenüber den Gradientenmethoden heraus. Gegenstand der Untersuchungen ist die Sanierung eines verschmutzten hypothetischen Aquifers. WILLIS & SHOEMAKER (2000) vergleichen verschiedene heuristische Verfahren auch am Beispiel einer Sanierungsproblematik in einem synthetischen Grundwasserleiter. Die Derandomized Evolutionary Strategy (DES) behauptet sich dabei in den Kriterien Konvergenz und Zuverlässigkeit bei der Ermittlung des globalen Optimums. HOMANN (2004) verwendet globale Suchverfahren zur automatischen Optimierung von Sümpfungsbrunnen als Hochwasserschutzmaßnahme in einer Grundwasserhaltung. Erstmals wird ein stark instationäres Problem mit Hilfe der automatischen Optimierung untersucht und die Lösung optimiert. Verwendet werden verschiedene stochastische Algorithmen wobei sich ebenfalls die DES als am besten geeignet herausstellt.

Stochastische Verfahren konvergieren in der Regel sehr viel langsamer als deterministische Algorithmen. Da sich jedoch viele Optimierungsaufgaben im Wasserbau durch ihre Komplexität oder Unbekanntheit der Zielfunktion auszeichnen, ist die Verwendung von Gradientenverfahren ohne vorherige Untersuchung allgemein nicht zulässig (GOLDBERG, 1989). Insbesondere ganzheitliche Betrachtungen, wie sie bei Risikoanalysen oder bei Kosten-Nutzen-Analysen durchgeführt werden, lassen sich mathematisch nur schwer oder nicht beschreiben. Dieser Umstand und das Bestreben, die Vorteile der automatischen Optimierung möglichst in vielen Bereichen des Wasserbaus zu erschließen, gibt Anstoß, die stochastischen Verfahren effizienter zu gestalten. VAN LINN (2005) verringert die Anzahl notwendiger Objektparameter indem er jeweils die beiden Koordinaten zur Lagebestimmung eines Punktes durch nur eine Knotennummer des numerischen Modells ersetzt. Eine Verbesserung der Optimierungsleistung ist zu erwarten.

Demny (2004) beschränkt sein Optimierungssystem auf die direkte Bewertung der errechneten Wasserstände seines Strömungsmodells. Eine Beurteilung unter Einbeziehung auch wirtschaftlicher und praktischer Aspekte bei der technischen Umsetzung der optimierten geometrischen Struktur bleibt zunächst unberücksichtigt. Homann (2004) stellt die besondere Bedeutung des Bewertungsmoduls bei der Automatischen Optimierung heraus. Er integriert beispielsweise die Kosten für den Bau und Betrieb der Brunnen in das Optimierungssystem. Dabei knüpft er an die Methode zur Kostenbewertung von HSIAO & CHANG (2002) an.

2.2 Anforderungen an das numerische Modell

Die Anforderungen an das numerische Modell ergeben sich unmittelbar aus der Problemstellung und dem Ziel, möglichst zeit- und kosteneffizient zu berechnen. Das numerische Modell sollte sich somit auf dem Stand der Technik befinden und seine Leistungsfähigkeit im Bereich der Grundwassermodellierung bewiesen haben. In der Praxis des Wasserbaus sind ein- und zweidimensionale Modelle inzwischen Standardwerkzeuge (FORKEL, 2000).

Die Mehrschicht-Grundwassermodellierung und das Programm FESSIM (PELKA, 1988) haben sich in der Vergangenheit insbesondere bei den Modellen zur instationären Berechnung der Auswirkungen des Braunkohlentagebaus auf die umgebende Region bewährt (z.B. BACHMANN ET AL. 2005). Auch bei der Beantwortung spezieller Fragestellungen konnte das Programm FESSIM erfolgreich eingesetzt werden. In der „Wissenschaftlichen Modelluntersuchung zum Grundwasserverhalten bei der Einrichtung eines Hochwasserschutzes am Weißer Bogen“ (KÖNGETER ET AL.. 2002) sind beispielsweise die Auswirkungen einer Deichtrasse mit einer ins Grundwasser eingebundenen Spundwand auf die Grundwasserstände u.a. mit dem Programm FESSIM numerisch untersucht worden. Dieses Gutachten ist Grundlage für das erweiterte Anwendungsbeispiel zur Automatischen Optimierung im Hochwasserschutz in Kapitel 5.

Das Programm FESSIM erfüllt die formulierten Anforderungen und wird daher für die vorliegenden Untersuchungen verwendet.

2.3 Anforderungen an den automatischen Algorithmus

Die in Kapitel 1.2 vorgestellte Problemstellung hat zusammengefasst folgende Eigenschaften, die im Optimierungssystem Berücksichtigung finden müssen (vgl. HOMANN, 2004 und VAN LINN, 2004).

- Es müssen gleichzeitig mehrere Ziele eingehalten werden (Kosten, Schadenspotentiale, Zielwasserstände, Randbedingungen der Modellierung, Einhalten des Suchraumes für die mögliche Deichtrasse).
- Die Zielfunktion ist unbekannt oder nicht stetig differenzierbar.
- Die Parameter beeinflussen sich gegenseitig.

- Die Zielfunktion besitzt lokale Minima, die eine gute Lösungsvariante implizieren können. Es gibt jedoch ein globales Minimum mit der optimalen Lösung.

Da lokale Minima auftreten können, sind für die Lösung dieser Problemstellung globale Suchverfahren erforderlich. Diese Suchverfahren sind mathematische Optimierungsalgorithmen, die im Gegensatz zu lokalen Verfahren, zum Beispiel der Gruppe der Gradientenverfahren, nicht in lokalen Minima „stecken bleiben" können, sondern fähig sind, das globale, absolute Optimum zu finden. In dem hier vorgestellten Vorhaben wird auf Grundlage der in Abschnitt 2.1 genannten Vorteile gegenüber den Gradientenverfahren die *Derandomized Evolutionary Strategy* (DES) verwendet.

Die wesentlichen Vorteile sind im Folgenden Zusammengefasst:

- Das bessere Konvergenzverhalten geht mit einem erhöhten Maβ an Zuverlässigkeit einher

- Die Optimierung auch stark instationärer Problemstellungen ist möglich

- Komplexe oder unbekannte Zielfunktionen können optimiert werden

Der DES-Algorithmus gehört zur Gruppe der evolutionären Optimierungsstrategien, die unterschiedliche Lösungsvarianten in einer Population evolutionären Auslese- und Fortpflanzungsmechanismen aussetzen. Er wurde von Ostermeier et al. (1994) entwickelt und versucht, die üblicherweise zufallsgesteuerte Mutation zu kontrollieren und damit die - in dieser Verfahrensgruppe normalerweise eher langsame - Suche nach dem Optimum zu beschleunigen.

3 Grundlagen des Optimierungssystems

3.1 Überblick

Das Optimierungssystem besteht aus mehreren Modulen, die einen Kreislauf aus Eingabe, Berechnung und Ausgabe bilden (Abbildung 3.1). Das numerische Modell, das *Pre-* und das *Postprocessing* bilden zusammen die unbekannte Zielfunktion.

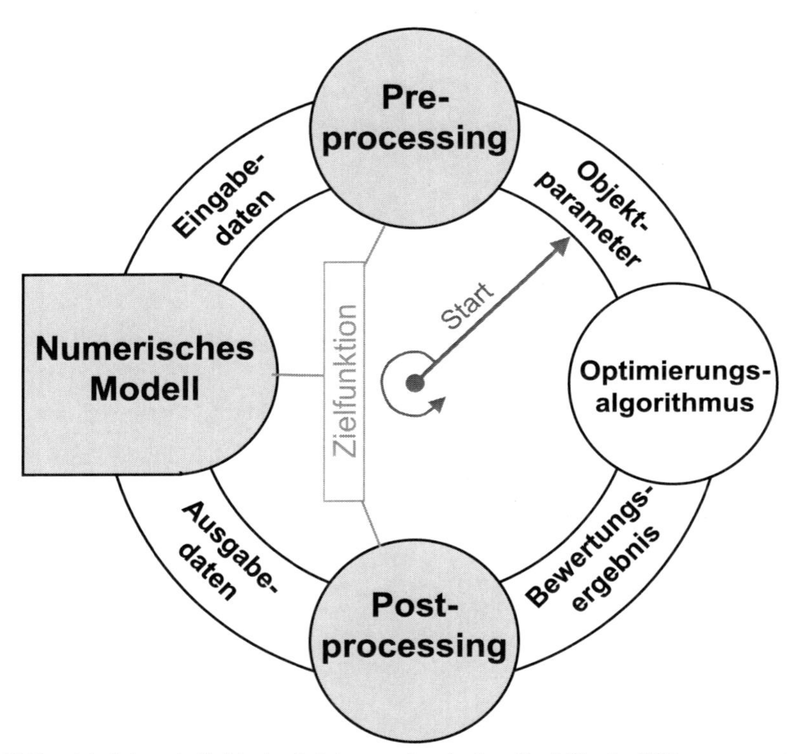

Abbildung 3.1: Schema der Module eines Optimierungssystems (nach van Linn & Köngeter, 2005)

Angefangen mit den Startparametern werden durch die Programme des *Preprocessing* die Eingabedatensätze für das numerische Modell erzeugt. Die Ergebnisdaten der Modellrechnung werden im *Postprocessing* einer Bewertung unterzogen, die das Ergebnis der Zielfunktion darstellt. Werden die Abbruchbedingungen nicht erfüllt, bestimmt der Optimierungsalgorithmus (hier DES nach Abschnitt 3.4) modifizierte Objektparameter, die den Anfang der nächsten Optimierungsschleife bilden.

Tabelle 1 gibt einen Überblick über die verwendeten Computerprogramme als wesentliche Bestandteile des Optimierungssystems. Diese sind den Optimierungsmodulen in Spalten zugeordnet. Die Programmendung lässt auf die zugehörige Programmierumgebung schließen. Die hervorgehobenen Programme sind im Rahmen der vorliegenden Arbeit erstellt oder modifiziert worden und berücksichtigen die besonderen Anforderungen der Problemstellung, indem sie die Verknüpfung und Umwandlung der einzelnen Ein- und Ausgabedaten zwischen den Modulen herstellen.

Tabelle 1: Computerprogramme des Optimierungssystems: Matlab (.m), Shellscript (.sh), GNU-AWK (.awk) und FORTRAN (.f)

DES	PRE-PROCESSING	POST-PROCESSING	NUMERISCHES MODELL
	modell_all.sh		
DES.m	**ref2mldat.awk**	**POST.awk**	FESSIM.f
FUNfessim.m	**spundwand2ele.awk**	**POST.sh**	
READ_log.m	uflut2.f		
RUNDES.m	**WRITE_xinit.m**		
SIMILAR.m			
WRITE_log_end.m			
WRITE_optdata.m			

Das Gesamte Optimierungssystem wird durch das Programm *modell_all.sh* aufgerufen, welches seinerseits die unterschiedlichen Funktionen und Programme der Module des Optimierungssystems steuert. Die Aufgaben der einzelnen Programme werden in den entsprechenden Kapiteln dieser Arbeit genannt.

3.2 Parametrisierung

3.2.1 Allgemeines

Die Wahl der Parametrisierung wird entscheidend von der Aufgabenstellung bestimmt. Bei der Optimierung geometrischer Formen beschreiben die Parameter eindeutige Funktionen, die beispielsweise die Konturen einer Geometrie festlegen (vgl. DEMNY, 2004).

Auch Lagekoordinaten und Entnahmemengen können *direkt* durch Parameter abgebildet werden (vgl. HOMANN, 2004). VAN LINN (2005) schlägt zur Einsparung der Parameteranzahl eine *indirekte* Parametrisierung (*Elemental Parametrization*) vor, bei der kein funktionaler Zusammenhang zwischen den real zu optimierenden Größen und den Objektparametern besteht. In dem Beispiel sind die real zu optimierenden Größen zum einen die Lagekoordinaten, die den Verlauf der Deichtrasse festlegen und zum anderen die Einbindetiefe der Spundwand. Die Lagekoordinaten werden bei der *indirekten* Parametrisierung durch die Knotennummern des Modells als Objektparameter abgebildet. Je zwei Koordinaten (x, y) werden so auf nur einen Wert reduziert. Die Einbindetiefe wird *direkt* als Objektparameter abgebildet. Optimiert werden nur die Objektparameter. Die Konvertierung der Objektparameter in die jeweiligen realen Größen erfolgt wieder durch eine Schlüsselzuordnung - im Beispiel durch das Koordinatenverzeichnis des numerischen Modells.

Tabelle 2 zeigt beispielhaft die Abbildung der einzelnen Objektparameter über die Referenzknotennummer des Modells auf jeweils zwei Komponenten (x und y) eines Punktes.

Tabelle 2: Schlüsselzuordnung bei indirekter Parametrisierung

Objektparameter [-]	Referenzknotennummer [-]	Rechtswert (x) [m]	Hochwert (y) [m]
1	9	1000	2000
2	10	1125	2000
...	...	...	...
287	717	2000	0

Die Konvertierung der Objektparameter durch die Schlüsselzuordnung erfolgt im Rahmen des *Preprocessing* durch das Programm *WRITE_xinit.m* und verändert damit auch die Zielfunktion.

Im Rahmen dieser Arbeit werden beide Arten der Parametrisierung verwendet und im Leistungstest miteinander verglichen. VAN LINN (2005) erwartet eine Steigerung der Optimierungsleistung durch die Reduktion der Parameteranzahl. Durch die Abbildung der realen Größen auf die Objektparameter kann sich jedoch die zu optimierende Zielfunktion so ändern, dass die Optimierungsleistung reduziert wird.

Zur besseren Vergleichbarkeit von Parametern unterschiedlicher Einheit werden diese gemäß Gleichung (1) normiert. *Pnorm* bezeichnet dabei den normierten Parameter. *Pmin* und *Pmax* bilden die Unter- und Obergrenze des nicht normierten Parameterwertes *P*.

$$P_{norm} = \frac{P - P_{\min}}{P_{\max} - P_{\min}} \tag{1}$$

So werden die Ober- und Untergrenzen jedes Parameters auf den Wert *1* bzw. *0* normiert. Dadurch wird im Rahmen einer festgelegten Genauigkeit die Identifikation nahezu gleicher Parametersätze erleichtert. Das Programm *SIMILAR.m* erspart den erneuten Funktionsaufruf, falls der gleiche Objektparametersatz bereits in einer früheren Optimierungsschleife bewertet wurde. Dazu werden die Optimierungsdaten aller bereits bewerteten Parameter in einer Verlaufsdatei abgespeichert und zum Vergleich mit jeder neuen Optimierungsvariante abgerufen.

3.2.2 Deichtrasse und Einbindetiefe der Spundwand

Die Parametrisierung der Einbindetiefe der Spundwand erfolgt für alle Anwendungen im Rahmen dieser Arbeit *direkt*. Die Deich- bzw. Spundwandtrasse kann als polygonaler Verlauf eindeutig durch die Lagekoordinaten einer bestimmten Anzahl von Polygonpunkten definiert werden. Die Anzahl der Polygonpunkte lässt sich durch die Wahl eines entsprechenden Parameters ebenfalls optimieren (s. Kapitel 4.8). In beiden Fällen der Parametrisierung (vgl. Abschnitt 3.2.1) lässt sich zu jedem Objektparametersatz ein Polygonverlauf zuordnen. Die Modellanpassung an die Spundwandvariante beruht auf der Ermittlung der zugehörigen Finiten-Elemente. Dies geschieht durch die automatische Ermittlung der Schnittpunkte zwischen allen Element-Segmenten im Untersuchungsraum mit den Segmenten des Polygonzuges mit dem Programm *spundwand2ele.awk* (vgl. Tabelle 1) im Rahmen des *Preprocessing*.

3.3 Numerisches Grundwassermodell FESSIM

3.3.1 Mathematische Grundgleichungen

Die partielle Differentialgleichung für die instationäre, dreidimensionale Grundwasserströmung lässt sich mit dem Gesetz von DARCY und der Kontinuitätsbedingung für inkompressible Strömungen herleiten (Gl. (2) nach PELKA, 1988).

$$S_S \frac{\partial h}{\partial t} - \frac{\partial}{\partial x_i}\left(k_{ij} \frac{\partial h}{\partial x_j}\right) - q_{QS}(t) = 0 \; ; \qquad i, j = x, y, z \tag{2}$$

Unbekannte Variable ist dabei der Wasserspiegel h. Der Speicherkoeffizient S_S definiert sich als die Änderung gespeicherter Wassermasse aufgrund der Änderung des Grundwasserspiegels. Der Tensor k_{ij} beschreibt die hydraulische Durchlässigkeit des porösen Mediums. Der Quell- und Senkenterm q_{QS} berücksichtigt äußere Grundwasseranreicherung oder -Entnahme.

Gleichung (2) lässt sich durch Integration über die gesättigte Aquifermächtigkeit zur zweidimensionalen, horizontalen, instationären Grundwasserströmungsgleichung reduzieren:

$$S_S^* \frac{\partial h}{\partial t} - \frac{\partial}{\partial x_i}\left(T_{ij} \frac{\partial h}{\partial x_j}\right) - Q_{QS}(t) = 0 \; ; \qquad i, j = x, y \tag{3}$$

S_S^* ist das Produkt aus dem spezifischen Speicherkoeffizienten S_S und der gesättigten Aquifermächtigkeit. T_{ij} ist der Tensor der Transmissivität. Gleichung (3) lässt sich nach PELKA (1988) unter folgenden Bedingungen anwenden:

- Der Geschwindigkeitsvektor ist horizontal gerichtet (v_z=0).
- Die Äquipotentialfläche ist vertikal ().
- Der horizontale Geschwindigkeitsvektor ist unabhängig von der vertikalen Richtung ($\frac{\partial v_x}{\partial z} = 0$; $\frac{\partial v_y}{\partial z} = 0$).

Die vertikal gerichtete, eindimensionale, instationäre Strömung durch einen Grundwasserstauer lässt sich nach PELKA (1988) durch Gleichung (4) beschreiben.

$$S_S \frac{\partial h}{\partial t} - k_z \left(\frac{\partial h}{\partial z}\right)^2 - q_{QS}(t) = 0 \tag{4}$$

Die vertikale hydraulische Durchlässigkeit wird durch den Faktor k_z beschrieben.

Gleichung (4) ist unter folgenden Annahmen gültig:

- Der Geschwindigkeitsvektor ist vertikal gerichtet ($v_x=0$; $v_y=0$).

- Die Äquipotentialfläche ist horizontal ($\frac{\partial h}{\partial x} = 0$; $\frac{\partial h}{\partial y} = 0$).

- Der vertikale Geschwindigkeitsvektor ist unabhängig von horizontalen Koordinaten ($\frac{\partial v_z}{\partial x} = 0$; $\frac{\partial v_z}{\partial y} = 0$).

Ausführliche Grundlagen zur numerischen Modellierung mit dem Programm FESSIM finden sich beispielsweise bei PELKA (1988).

3.3.2 Quasi-3D-Modellierung

Die Finite Elemente Methode ist zur Berechnung instationärer Grundwasserströmungen in heterogenen Einzugsgebieten mit unterschiedlichen Randbedingungen geeignet. Zur numerischen Lösung sind die unter 3.3.1 beschriebenen Voraussetzungen für jedes Finite-Element einzuhalten (nach PELKA, 1988).

Die quasi-3D Mehrschicht-Grundwassermodellierung beinhaltet die Aufteilung des Aquifersystems in mehrere Modellleiter und –Stauer. Die Grundwasserströmung in den Modellleitern wird entsprechend Gleichung (3) gelöst, während die Modellstauer durch Gleichung (4) berücksichtigt werden. Das resultierende Gleichungssystem wird simultan für das gesamte Leiter-Stauer-System gelöst.

Die Leiter werden jeweils in ein zweidimensionales Netz finiter Dreiecke unterteilt. Jedem Element werden die Materialparameter zugeordnet. Die Stauer werden durch vertikal angeordnete Prismenelemente modelliert. Diese verknüpfen die Netzknoten verschiedener Aquifere (vgl. Abbildung 3.2). Die Grundfläche der Stabelemente ergibt sich zu einem Drittel der Flächen der dem Modellknoten angrenzenden Dreieckselementflächen.

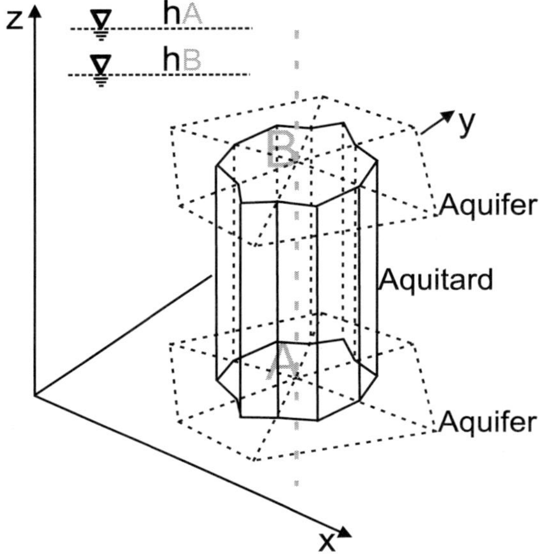

Abbildung 3.2: Grundwasserstauer, modelliert durch ein vertikales Prismenelement (nach Pelka, 1988)

Abbildung 3.3 zeigt einen vertikalen Schnitt durch ein Grundwassersystem. Es besteht aus zwei Leitern, die durch einen Stauer voneinander getrennt sind. In den leitenden Schichten fließt das Grundwasser horizontal. Der durch den Potentialunterschied ausgelöste Austausch zwischen den Grundwasserleitern findet in vertikaler Richtung statt.

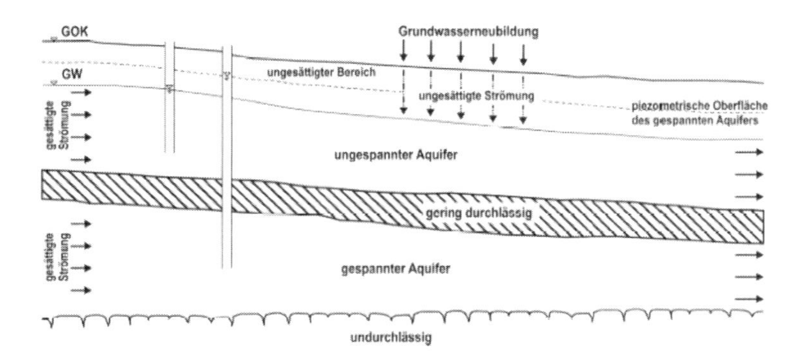

Abbildung 3.3: Dreidimensionales Modellgebiet (aus BACHMANN ET AL., 2005)

Jedes Grundwasserstockwerk wird in ein zweidimeinsionales Netz aus Finiten Dreieckelementen aufgeteilt, denen grundwasserhydraulische Eigenschaften zugewiesen werden. Die Trennschichten werden durch die vertikal angeordnete Stabelemente nachgebildet. Jedes Stabelement verbindet die übereinander liegenden Eckknoten zweier Grundwasserstockwerke. Abbildung 3.4 zeigt die Diskretisierung des Grundwasserkörpers mit den angesetzten Strömungsrichtungen.

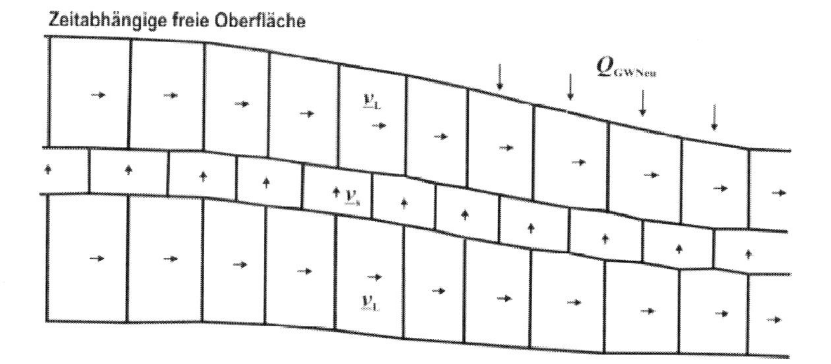

Abbildung 3.4: Prinzip der quasi-3D-Modellierung (aus BACHMANN ET AL., 2005)

Die zeitlichen Differentiale $\partial / \partial t$ werden durch ein implizites Zeitintegrationsverfahren approximiert. Die zeitliche Diskretisierung kann entsprechend ohne Auswirkungen auf die numerische Stabilität frei gewählt werden.

Drei Arten von Randbedingungen werden in dem numerischen Modell unterschieden:

- DIRICHLET Randbedingungen (1. Ordnung) definieren den Grundwasserstand h.

- NEUMANN Randbedingungen (2.Ordnung) geben den Durchfluss Q als abgeleitete Größe des Wasserstandes an.

- CAUCHY oder LEAKAGE Randbedingungen (3. Ordnung) setzen den Durchfluss Q in Abhängigkeit von leakage Parametern (vgl. Abbildung 3.5).

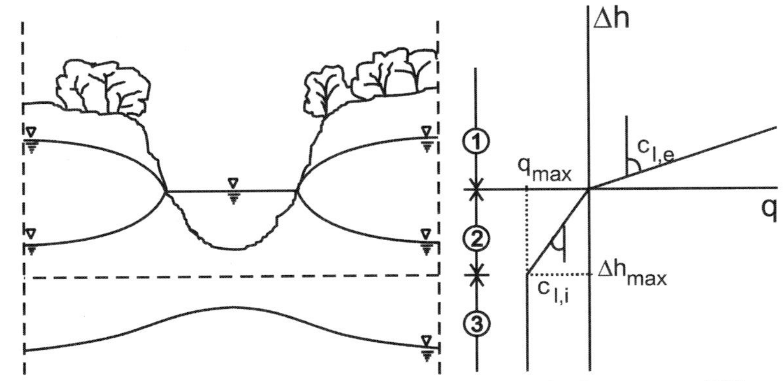

Abbildung 3.5: Prinzipdarstellung der CAUCHY (LEAKAGE) Randbedingung (aus BACHMANN ET AL., 2005)

Ausführliche Erläuterungen zur Mehrschicht-Grundwassermodellierung auf dem aktuellen Stand der Technik können in Projektberichten nachgelesen werden (z.B. PELKA, 1988; BACHMANN ET AL., 2005).

Im Rahmen des Optimierungssystems wird das numerische Modell durch die Funktion *FUNfessim.m* aufgerufen, die wiederum das numerische Berechnungsprogramm *FESSIM.f* steuert.

3.4 Optimierungsalgorithmus

3.4.1 Allgemeines

Die Effizienz eines Optimierungsalgorithmus ist wesentlich von der Beschaffenheit der Zielfunktion abhängig. Da die Eigenschaften der Zielfunktion nicht für jedes Optimierungsproblem bekannt sind, wird die Wahl eines geeigneten Algorithmus davon entscheidend beeinflusst.

Generell lassen sich die Optimierungsalgorithmen in deterministische und stochastische Verfahren unterscheiden. Nach Demny (2004) haben die deterministischen Verfahren den Nachteil, dass sie nur lokale Minima auffinden können. Dieser Nachteil ist bei den stochastischen Verfahren aufgehoben.

In vielen Optimierungsaufgaben ist der funktionale Zusammenhang der Zielfunktion nicht bekannt. Nach Eingabe der Objektparameter wird durch die Module der Zielfunktion eine bestimmte Lösung ermittelt. Die mathematische Funktion, falls eine existiert, bleibt dabei unbekannt. In diesen Fällen ist die Verwendung deterministischer Optimierungsalgorithmen unbrauchbar. Stochastische Suchverfahren sind hierbei zielführend.

3.4.2 Derandomized Evolutionary Strategy

Die Grundlagen der *Derandomized Evolutionary Strategy* (DES) werden von RECHENBERG (1973) und SCHWEFEL (1981) gelegt. Das stochastische und heuristische Verfahren gehört zu den Evolutionären Algorithmen, die sich auf die Evolutionsmodelle von DARWIN (1859) stützen. Das Prinzip ist die Entwicklung von Arten durch zufällige Mutation, Rekombination und Auslese.

Evolutionäre Algorithmen bauen „Populationen" von mehreren „Individuen" auf. Die Eigenschaften jedes Individuums werden durch Parameter abgebildet und stellen eine Variante der zu optimierenden Problemstellung dar. Die Güte oder „Fitness" jedes Lösungsvorschlags entscheidet über die Weitergabe der Eigenschaften des Individuums. Diese Bewertungsabhängige Auswahl wird Selektion genannt.

Durch Mutation werden Eigenschaften einzelner Individuen verändert, durch Rekombination werden Teile der Eigenschaften mit einem anderen Individuum getauscht. Bei Evolutionsstrategien wird, im Unterschied zu den genetischen Algorithmen (GOLDBERG, 1989), auf eine Rekombination von Eigenschaften verzichtet. Einen guten Überblick über Evolutionäre Algorithmen geben SPEARS ET AL. (1993).

Ein erster Entwurf für die DES wurde erstmalig von OSTERMEIER ET AL. (1994) vorgestellt und in den folgenden Jahren ständig weiterentwickelt (HANSEN ET AL., 1995; HANSEN & OSTERMEIER, 1996, 1997 & 2001; OSTERMEIER, 1997). Durch die Berücksichtigung vorangegangener Varianten wird die Zufälligkeit des Verfahrens gemindert und die Auswahl neuer Parameter verbessert. Die besten Objektparameter einer bestimmten Anzahl Nachkömmlinge (N) werden zur Berechnung weiterer Variationen herangezogen. Der Objektparameter- Vektor des Vorgängers oder Elter (E) wird generell durch die Addition eines normalverteilten zufällig generierten Vektors $\vec{z}$ variiert, der durch den Vektor der individuellen Schrittweiten $\vec{\delta}$ skaliert wird. Die Variation der Schrittweiten wird durch die Multiplikation eines Variationsfaktors ξ sicher gestellt.

Gleichungen (5), (6) und (7) beschreiben das Prinzip der DES. Sie zeigen das Beispiel eines $(1, \lambda)$-DES mit Mutationskontrolle der globalen und individuellen Schrittweiten. Der Mutationsschritt von Generation g zu $g+1$ wird für jeden Nachkommen $k=1,...,\lambda$

vollzogen. Alle folgenden Multiplikationen der Vektoren bedeuten eine komponentenweise Multiplikation.

Generierung:

$$\vec{x}^{g}_{N_k} = \vec{x}^{g}_{E} + \xi^{k} \cdot \vec{\delta}^{g} \cdot \vec{z}^{k} \tag{5}$$

Die Fitness aller λ Nachkommen wird bewertet und der "beste" Objektparameter- Vektor mit seinem zugehörigen Vektor der Schrittweiten werden als Elter(n) der folgenden Generation ausgewählt (Gl. (6) und (7)).

Auswahl/Adaption:

$$\vec{x}^{g+1}_{E} = \vec{x}^{g}_{N_{sel}} \tag{6}$$

$$\vec{\delta}^{g+1} = \left(\xi^{sel}\right)^{\beta} \cdot \left(\vec{\xi}_{\vec{z}}^{\;sel}\right)^{\beta_{scal}} \cdot \vec{\delta}^{g} \tag{7}$$

Hier bezeichnet $sel \in \{1,\ldots,\lambda\}$ den Index des ausgewählten Nachkommen der Generation g. Die Exponenten β und $\beta scal$ bedingen die Mutationsgeschwindigkeit und die Genauigkeit der automatischen Suche. Je kleiner die jeweiligen Werte sind, desto genauer wird das Verfahren bei gleichzeitig höherem Zeitaufwand und umgekehrt. Im Rahmen dieser Arbeit werden die von HANSEN & OSTERMEIER (2001) vorgeschlagenen Werte von $\beta = \sqrt{n}$ und $\beta scal = 1/n$ gewählt und sind damit abhängig von der Anzahl n der Objektparameter.

Abbildung 3.6 veranschaulicht den Prozess der Optimierung als Wechsel zwischen Generierung und Auswahl am Beispiel der Objektparameter für $\lambda=5$ Nachkommen je Generation. Der Selektionspfad ist durch die kleiner werdenden Symbole angedeutet.

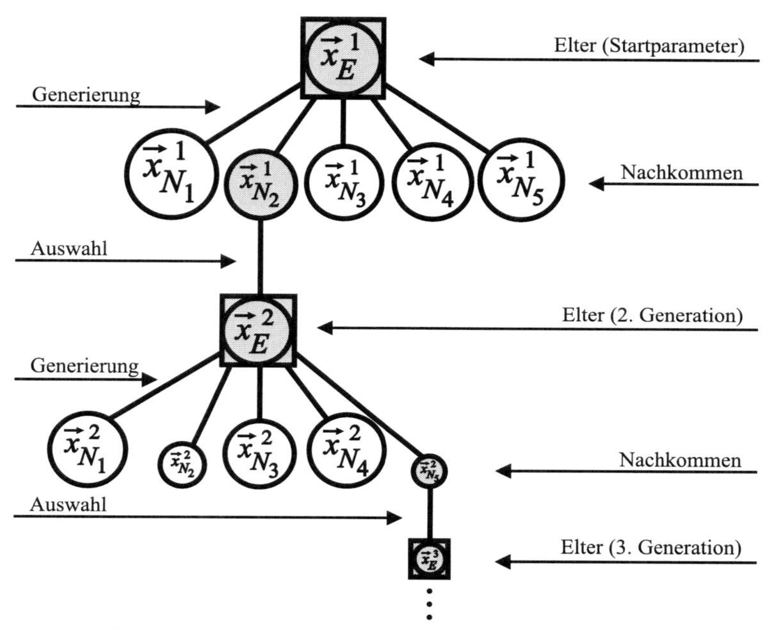

Abbildung 3.6: Wechselspiel zwischen Auswahl und Generierung im Optimierungsprozess

Als Abbruchkriterien der Optimierung können die maximale Anzahl der Generationen oder die maximale Anzahl der Evaluierungen festgelegt werden. Die Bestätigung, dass das globale Optimum erreicht ist, ergibt sich grundsätzlich erst bei Betrachtung des Optimierungsverlaufes, also erst nach Abbruch der Berechnungen. Das Optimierungsergebnis hängt sehr stark von der Wahl der Abbruchkriterien ab. Wird die maximale Anzahl der Generationen oder die maximale Anzahl der Evaluierungen zu niedrig gewählt, kann der Algorithmus vor erreichen des globalen Optimums abbrechen. Daher stützt sich die Wahl der Abbruchkriterien auf Erfahrungswerte. Die absolute Sicherheit, dass das Optimum erreicht ist, gibt es in Anbetracht einer unbekannten Zielfunktion in der Regel nicht. Die Wahl geeigneter Abbruchkriterien stellt ein Abwägen zwischen zusätzlichem zeitlichen Aufwand für die Optimierung und einer möglichen Verbesserung des Optimierungsergebnisses dar.

Die DES ermöglicht die unabhängige Kontrolle der Mutationsstärke und der Variation der Strategieparameter. Die detaillierte Beschreibung aller DES- Parameter und Leistungstests des Algorithmus werden von HANSEN & OSTERMEIER (2001) gegeben.

In dem Programm *DES.m* nach Tabelle 1 ist der Algorithmus kodiert. Mit Hilfe des Programms *RUNDES.m* wird die DES aufgerufen und sämtliche Startparameter werden durch *READ_log.m* eingelesen.

3.5 Bewertung

3.5.1 Allgemeines

Die Verknüpfung zwischen Optimierungsalgorithmus und numerischem Modell wird durch Computerprogramme automatisiert (vgl. Tabelle 1). Im *Preprocessing* erfolgt die Abbildung der Objektparameter auf die Modelleingangsgrößen. Mit diesen werden die Eingabedatensätze für das numerische Modell angepasst. Zum Beispiel werden mit dem Programm *spundwand2ele.awk* und *ref2mldat.awk* in Abhängigkeit der Polygonpunkte und der Einbindetiefe als Objektparameter die Spundwandelemente des Referenznetzes bestimmt, das Multi-Level Finite-Elemente-Netz neu diskretisiert und die Geologie- sowie die Materialdatensätze neu generiert. Nach der Berechnung durch das numerische Modell werden im *Postprocessing* mit dem Programm *POST.sh* bzw. *POST.awk* die Ergebnisse der Modellvariante automatisch bewertet. Die Bewertung einer berechneten Variante beeinträchtigt maßgeblich den Optimierungsverlauf und bestimmt die Zielfunktionswerte. Durch die Berücksichtigung aller notwendigen Bewertungsfaktoren kann die Automatisierung einer Risikoanalyse erfolgen. Dazu gehören definitionsgemäß die Kalkulation entstehender Schäden und die Beachtung der Eintrittswahrscheinlichkeit des Bemessungshochwassers.

3.5.2 Risikoanalyse

Wichtige Voraussetzung für die Auswahl optimaler Kombinationen von Vorsorgemaßnahmen zur Verhinderung bzw. Reduzierung der Hochwassergefahren und -folgen ist die Kenntnis über die Höhe vorhandener und zu erwartender Schadenspotentiale in den hochwassergefährdeten Gebieten.

Hochwasserschadenspotentiale bestehen aus:

- Personenschäden (Schäden an Leib und Leben)
- Direkte Vermögensschäden bei Wirtschaftsunternehmen, öffentlicher Infrastruktur und öffentlichen Einrichtungen, Landwirtschaft sowie privaten Wohngebäuden

- Indirekte Schäden durch Produktionsausfall bzw. durch Hochwasserereignisse verursachte Produktionsverlagerungen

- Schäden an Kulturgütern sowie an Natur und Landschaft.

Vermögensschäden und Schäden aus Produktionsausfall bzw. -verlagerung können monetär bewertet werden. Die übrigen vorgenannten Schadensgruppen entziehen sich weitgehend einer Abschätzung in Geldgrößen. Die Vermögensschäden stellen in der Regel den Hauptanteil der monetär bewertbaren Schäden des jeweiligen Schadenspotentials eines hochwassergefährdeten Gebietes dar. Insbesondere in dicht besiedelten Gebieten können jedoch die indirekten Schäden ein Vielfaches der direkten Vermögensschäden betragen.

Im Rahmen der vorliegenden Arbeit werden im Wesentlichen und beispielhaft direkte Vermögensschäden berücksichtigt. Grundsätzlich ist die Berücksichtigung auch anderer Schadenspotentiale möglich, wenn hierzu die entsprechenden Schadensfunktionen vorliegen.

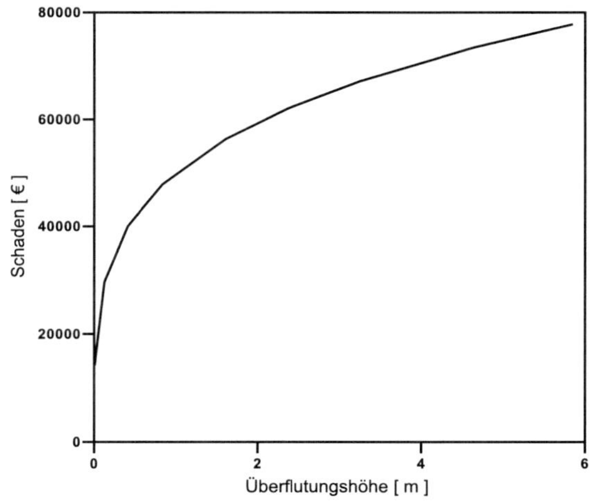

Abbildung 3.7: Prinzip einer Schadensfunktion: Schaden in Abhängigkeit der Überflutungshöhe

Zur Abschätzung von Schadenspotentialen geben Schadensfunktionen die Abhängigkeit von monetärem Schaden und Hochwasserparametern an. Schadensfunktionen werden aufgrund von Hochwasserschadenserfassungen und darauf basierenden Regressionsanalysen aufgestellt (MURL-NRW, 2000). Diese sind als Standard international anerkannt

(SMITH, 1994). Nähere Angaben zur Ermittlung von Hochwasserschadensfunktionen finden sich beispielsweise in BAYERN–LFW (1998), BRUCK (2004) und BWK (2001). Abbildung 3.7 zeigt das Schema einer Schadensfunktion in Abhängigkeit der Überflutungshöhe.

Hochwasserschäden können nur bei möglichst genauer Kenntnis der Einwirkung ermittelt werden. Dabei sollte das gesamte mögliche Abflussspektrum untersucht und neben den üblicherweise statisch definierten Bemessungsabflüssen (i.d.R. *HQ100* bis *HQ200*) auch seltenere Extremereignisse berücksichtigt werden. Die Abschätzung seltener Hochwasserereignisse beruht im Wesentlichen auf statistischen und probabilistischen Ansätzen (DVWK, 1999; JENSEN ET AL., 2003; PLATE, 2001).

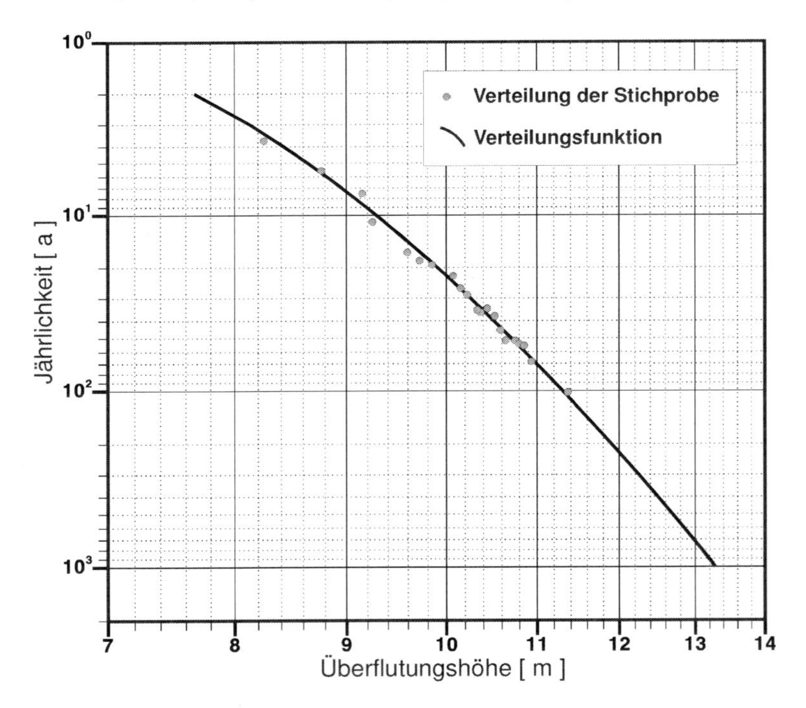

Abbildung 3.8: Abschätzung von Extremwasserständen

Grundsätzlich sind die an einem Pegel aufgezeichneten Wasserstände nur Stichproben aus der Grundgesamtheit aller jemals aufgetretenen und zukünftig noch auftretenden Wasserstände an diesem Ort. Anhand statistischer Schätzgrößen, die aus der Stichprobe ermittelt werden, wird auf eine Verteilungsfunktion der Grundgesamtheit geschlossen (GUMBEL, E.J., 1958 und PLATE, E.J., 2001). Durch Extrapolation anhand dieser Verteilungsfunktion lässt sich auf die Extremwasserstände schließen, die außerhalb der Jährlichkeiten der gemessenen Pegelstände liegen (vgl. Abbildung 3.8).

Durch hydraulische Berechnungen werden die Konsequenzen eines Hochwasserszenarios ermittelt. Verknüpft mit den Schadensfunktionen ergeben sich aus den berechneten Überschwemmungsflächen und -höhen die Schäden für diskrete Hochwasserereignisse. Abbildung 3.9 zeigt beispielhaft den Zusammenhang zwischen diskreten Hochwasserereignissen und den resultierenden Schäden im Balkendiagramm.

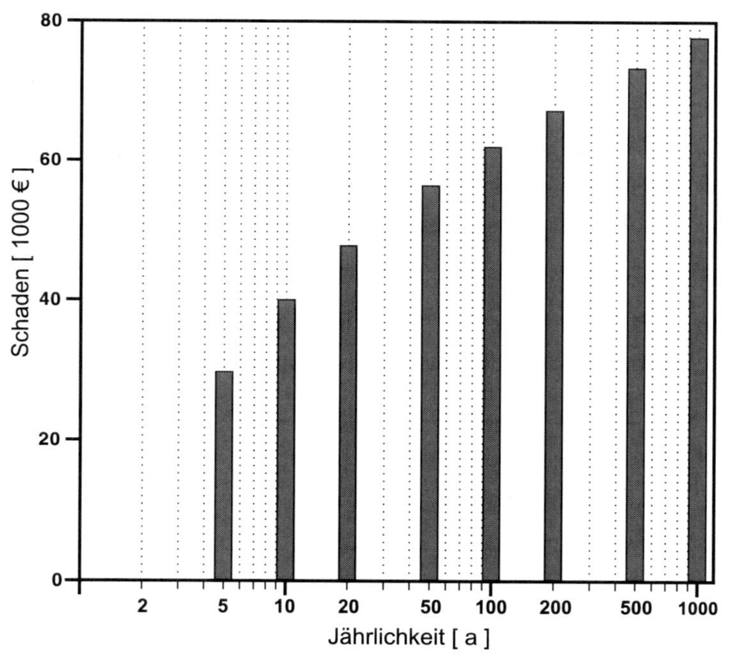

Abbildung 3.9: Schaden in Abhängigkeit diskreter Hochwasserereignisse

Die Multiplikation der so erhaltenen monetären Schäden für jedes diskrete Hochwasserereignis mit seiner Eintrittswahrscheinlichkeit, dem Kehrwert der Jährlichkeit, ergibt das „Einzelrisiko". Mit Hilfe der Regressionsanalyse kann die diskrete Risikoabbildung in eine kontinuierliche Funktion überführt werden.

Das Gesamtrisiko R_{ges} ermittelt sich aus der Summe aller „Einzelrisiken“ R_j für alle Jahre j gemäß Gleichung (8) (vgl. GOCHT, 2003).

$$R_{ges} = \sum_{j=1}^{\infty} R_j \tag{8}$$

Abbildung 3.10 zeigt das Schema einer diskreten Risikoabbildung. In Abhängigkeit der Risikoklassen K, für die Jährlichkeiten j von 2, 5, 10, 20, 50, 100, 200, 500 und 1000 Jahren, ist das Risiko in Euro pro Jahr aufgetragen. Durch lineare Interpolation ergibt sich eine Näherung der Risikofunktion, deren Integration das Gesamtrisiko ergibt. Mit der Einteilung der „Einzelrisiken“ R_j in Klassengrenzen, bestimmt durch die angrenzenden Jährlichkeiten, lässt sich das Gesamtrisiko R_{ges} in guter Näherung berechnen. Mit zunehmender Anzahl berücksichtigter „Einzelrisiken“ nimmt die Genauigkeit des berechneten Gesamtrisikos zu.

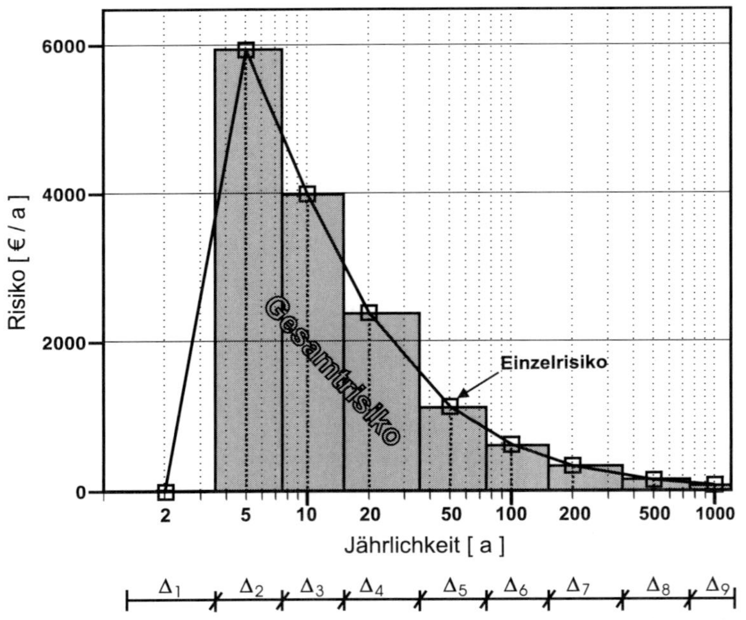

Abbildung 3.10: „Einzelrisiken“ in Abhängigkeit der Jährlichkeit des Hochwasserereignisses und Gesamtrisiko

Die Summe der „Einzelrisiken“ multipliziert mit der zugehörigen Klassenweite Δ_K ergibt nach Gleichung (9) das Gesamtrisiko (vgl. GOCHT, 2003).

$$R_{ges} \approx \sum_{K} R_{j(K)} \cdot \Delta_K \qquad (9)$$

Die Klassenweiten beschreiben jeweils eine Jahresanzahl und berechnen sich beispielsweise, wie in Abbildung 3.10 dargestellt, nach Formel (10):

$$\Delta_K = \frac{j(K+1) - j(K-1)}{2} \qquad (10)$$

3.5.3 Kosten und Nutzen

Die Abschätzung des Hochwasserrisikos für einzelne Gebäude, Siedlungsflächen und ganze Flussgebiete ist Grundlage zur Bewertung geplanter wasserbaulicher Maßnahmen. Die aus dem Gesamtrisiko ermittelten jährlichen Kosten werden den Kosten für den Bau und die Instandhaltung der Hochwasserschutzmaßnahme gegenübergestellt. Die optimale bauliche Variante oder Projektgröße ergibt sich aus dem Minimum der Gesamtkosten pro Jahr (Abbildung 3.11).

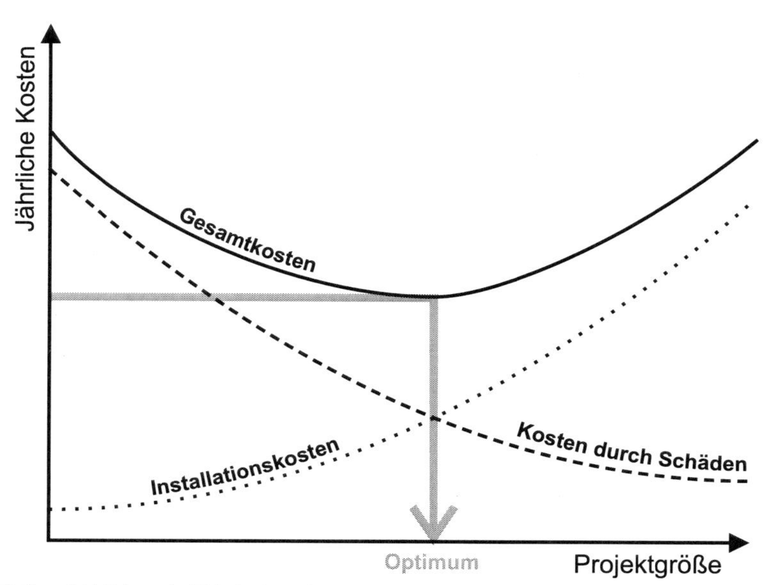

Abbildung 3.11: Schema der Risiko basierten Optimierung (nach TUNG, 2002)

Gleichung (11) beschreibt die Berechnung der jährlichen Gesamtkosten G_a aus der Summe der anfänglichen Investitionskosten I, multipliziert mit dem Kapitalrückflussfaktor F_{KR} zur Umrechnung auf die Basis jährlicher Kosten und den erwarteten jährlichen Kosten durch Schäden S_a (nach TUNG, 2002).

$$G_a = I \cdot F_{KR} + S_a \tag{11}$$

Der Kapitalrückflussfaktor berechnet sich dabei nach Formel (12).

$$F_{KR} = \frac{i \cdot (1+i)^T}{(1+i)^T - 1} \tag{12}$$

T bezeichnet dabei die Lebensdauer des Objektes und i den jährlichen Zinssatz für Kapitalaufwendungen. Für eine Kosten-Nutzen-Untersuchung ist die Bewertung der Situation ohne die Hochwasserschutzmaßnahme (*Nullvariante*) notwendig. Die Differenz aus den errechneten Gesamtrisiken (Kosten durch Schäden) der *Nullvariante* und der aktuell zu bewertenden Maßnahme ergibt den Nutzen dieses Projektentwurfes. Im Rahmen der Optimierung sollte für den Quotienten aus Nutzen und Kosten der Maßnahme ein möglichst großer Wert gefunden werden. Für Werte größer als eins ist die Wirtschaftlichkeit der Variante gegeben. Die Reduzierung der Gesamtkosten bleibt jedoch in der Regel erstes Optimierungsziel.

4 Optimierungssystem -TESTMODELL

4.1 Überblick

Gegenstand der Untersuchungen in Kapitel 4 ist die automatische Optimierung der Hochwasserschutzmaßnahme in einem willkürlich gewählten Modellgebiet. Abbildung 4.1 veranschaulicht die Berandung des TESTMODELLs. Der halbrunde Flusslauf dient dem Ansatz entsprechender stationärer (vgl. Kapitel 4.6) und instationärer (vgl. Kapitel 4.7 und 4.8) Randbedingungen. Der Deich- Spundwandverlauf wird vereinfachend durch eine Gerade beschrieben. Entsprechende Varianten werden im Rahmen der Optimierung durch den gewählten Suchbereich eingeschränkt. Im dargestellten Siedlungsgebiet werden die Grundwasserstände und damit die zugehörige Deich/Spundwandvariante anhand von angenommenen Schadensfunktionen bewertet.

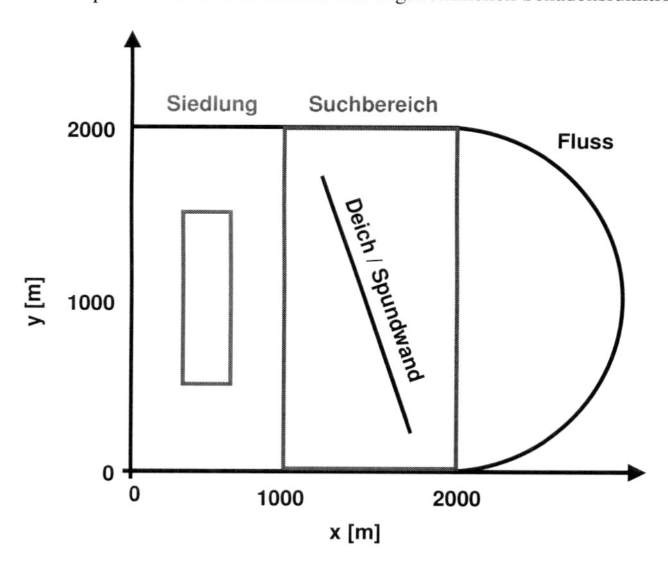

Abbildung 4.1: Überblick willkürliches Untersuchungsgebiet TESTMODELL

Deich- und Spundwand haben den gleichen Verlauf, der neben der Einbindetiefe der Spundwand für die Optimierung parametrisiert wird. In Kapitel 4.7 erfolgt der Ansatz und Vergleich zweier unterschiedlicher Parametrisierungsmethoden.

4.2 Objektparameter - Nebenbedingungen

Um den Vorschlag nicht erlaubter Deichtrassen (z.B. im Siedlungsgebiet) durch den Algorithmus zu verhindern, wird ein sogenannter Suchbereich als Nebenbedingung festgelegt (vgl. Abbildung 4.3). Das Programm *ref2mldat.awk* beschränkt damit die Wahl von Objektparametern auf die zugehörigen minimalen und maximalen Werte der Koordinaten und der Einbindetiefe der Spundwand.

4.3 Abbruchkriterium

Die Wahl der Abbruchkriterien richtet sich nach dem zu erwartenden Konvergenzverhalten der Aufgabe. Als festzulegende Abbruchbedingungen gelten die maximale Anzahl an Funktionsaufrufen und die maximale Folge an Funktionsaufrufen ohne Ergebnisverbesserung. Für den Fall, dass die Optimierung, nach Einschätzung des Anwenders zu früh abgebrochen wird, ist es möglich, die Optimierung nahtlos mit den entsprechenden Optimierungsgrößen fortzusetzen. Dazu werden alle relevanten Parameter und Größen für jede Optimierungsschleife durch die Programme *WRITE_optdata.m* und *WRITE_log_end.m* in Verlaufsdateien geschrieben, auf die im Bedarfsfall zurückgegriffen werden kann. Für den Fall, dass diese Verlaufsdateien bereits vorhanden sind, beginnt das Optimierungssystem mit den zuletzt verwendeten System- und Objektparametern. Dabei werden die Zählvariablen der Abbruchkriterien auf Null gesetzt. Andernfalls werden die eingangs gewählten Startparameter benutzt.

4.4 Modellprinzip

Die Wahl des TESTMODELLS erfolgt willkürlich aber in Anlehnung an typische flussnahe Gebiete. Die so gewählte Form ist ohne Beschränkung der Allgemeinheit für die Erkenntnisse aus den vorliegenden Untersuchungen geeignet. Das ausgesuchte Modellprinzip entspricht der in Kapitel 3.3.2 beschriebenen quasi-3D Formulierung, so dass einer Umströmung der Spundwand Rechnung getragen wird. Für den ersten Modellleiter wird das horizontale Strömungsfeld berechnet.

Zur Berücksichtigung der hydraulischen Wirkung der ins Grundwasser eingebundenen Spundwand wird ein zweiter Modellleiter generiert. Dieser besteht nur aus den Elementen, die in ihrer Lage den Spundwandverlauf repräsentieren. Verknüpft werden diese Spundwandelemente mit dem ersten Modellleiter durch Stabelemente (vgl. 3.3.2). Die Spundwandelemente des ersten Modellleiters werden mit undurchlässigen Materialparametern besetzt, während die Stabelemente und die Spundwandelemente des zweiten Leiters durchlässige Parameter erhalten. So wird der Strömungspfad im Bereich der Spundwand, auf der Seite des größeren Potentials (h_A) senkrecht nach unten durch die Stabelemente, dann horizontal durch die Elemente des zweiten Leiters und auf der anderen Seite senkrecht nach oben durch die Stabelemente wieder in den ersten Leiter forciert. Abbildung 4.2 generalisiert den Strömungspfad im Nahbereich der Spundwand. Die Pfeile geben die Richtung der Grundwasserströmung zwischen den durch Kreuze angedeuteten Modellknoten innerhalb der rechteckig dargestellten Elemente.

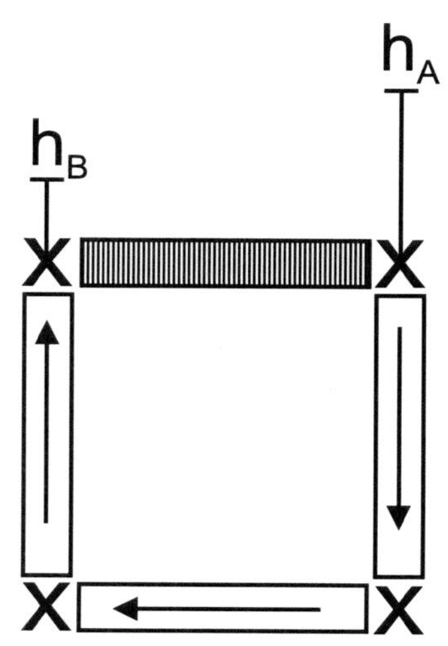

Abbildung 4.2: Generalisierter Strömungspfad im Nahbereich der Spundwand

Die Undurchlässigkeit des Spundwandelementes im ersten Leiter wird durch die Schraffur symbolisiert. Der Potentialabbau (h_A – h_B) erfolgt somit auf einem quasidreidimensionalen Strömungspfad.

4.5 Modellaufbau

Die Berandung des horizontalen Modellgebietes wird aus der Kombination eines rechteckigen Grundrisses mit einem angrenzenden Halbkreis, dessen Rand einen Flussbogen repräsentiert, gebildet (vgl.Abbildung 4.3).

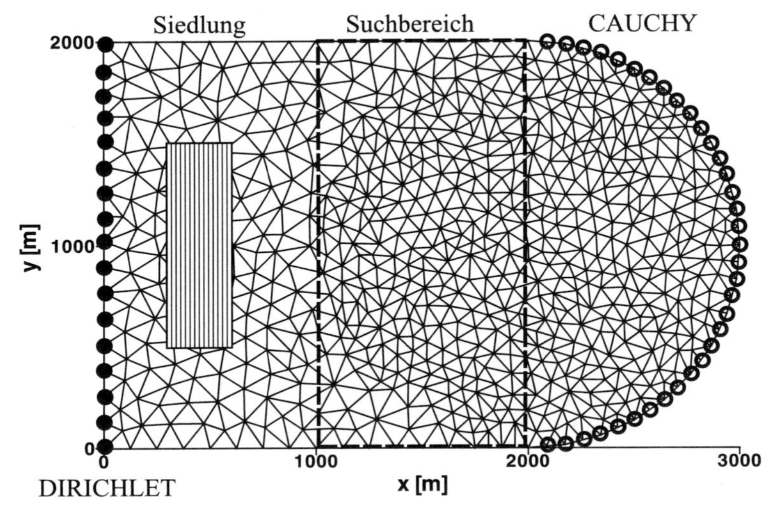

Abbildung 4.3: Diskretisierung [Δ] des ersten Modellleiters; Randbedingungen (CAUCHY [○] am Fluss; DIRICHLET [•] am linken Rand), Bewertungsfeld im Siedlungsgebiet [|||] und Suchbereich für den Deichverlauf [- - - -]

Die räumliche Diskretisierung des ersten Leiters ergibt 1346 Elemente und 717 Knoten. Die genauen Zahlen für das gesamte Zweileitermodell sind abhängig von der jeweiligen Untersuchungsvariante. Je nach Verlauf des Deiches ändern sich Lage und Anzahl der Elemente des zweiten Modellleiters und damit des gesamten Netzes. Die Modellbasis wird auf *–30 m*, die Geländeoberkante auf *0 m* festgesetzt. Je nach Einbindetiefe der Spundwand werden die Mächtigkeiten der Modellleiter und damit deren Transmissivität angepasst. Der erste Leiter erhält die Einbindelänge der Spundwand als Mächtigkeit. Durch den relativ niedrigen Durchlässigkeitsbeiwert bleibt dessen Transmissivität sehr gering, und der Dichtwirkung der Spundwand wird somit Rechnung getragen. Die Mächtigkeit des zweiten Leiters ergibt sich aus der Differenz zwischen der Einbindetiefe der Spundwand und der Modellbasis. Die Länge der Stabelemente ergibt sich aus der Summe der halben Leitermächtigkeiten. Die Prismenfläche berechnet sich aus den dem jeweiligen Knoten angrenzenden Dreieckselementen. Die Durchlässigkeit der Stabelemente wird entsprechend den Leiterdurchlässigkeiten gewählt.

4.6 Automatische Optimierung - Stationäres Modell

4.6.1 Allgemeines

Die Ausführungen in Kapitel 4.6 beruhen auf den Untersuchungen von VAN LINN & KÖNGETER (2005). Sie führen zu der Erkenntnis, dass die automatische Optimierung ein funktionierendes Werkzeug zur Unterstützung bei der Lösung moderner Ingenieuraufgaben im Wasserbau sein kann. Betrachtet wird die Grundwassersituation, die sich aufgrund der angesetzten stationären Randbedingungen einstellt. Die ins Grundwasser einbindende Spundwand reduziert als Hochwasserschutzmaßnahme die Grundwasserhöhen. Ihre Trasse und Einbindetiefe werden optimiert, so dass sich minimale Grundwasserstände in einem festgelegten Bewertungsgebiet einstellen. .

4.6.2 Optimierungsparameter

Die Optimierungsparameter werden gemäß den Empfehlungen von HANSEN & OSTERMEIER (2001) zu $\beta = \sqrt{n}$ und $\beta scal = 1/n$ gewählt. Bei n=5 Objektparametern ergeben sich die Werte zu $\beta = \sqrt{5}$ und $\beta scal = 1/5$. VAN LINN (2005) wählt an dieser Stelle ein Abbruchkriterium mit einer maximalen Generationenanzahl von *60*. Mit einer Anzahl von *10* Nachkommen pro Generation ergibt sich daraus die maximale Anzahl an Funktionsaufrufen von *600*. Nach *100* Evaluierungen ohne Verbesserung des Ergebnisses wird die Iteration ebenfalls abgebrochen. Für die Skalierungsfaktoren wird jeweils der Startwert zwei gewählt.

4.6.3 Objektparameter

Als *direkte* Optimierungsparameter werden zwei Lagekoordinaten (x1, y1 und x2, y2) zur Festlegung der Spundwand- bzw. Deichtrasse und die Einbindelänge (z) der Spundwand in den Grundwasserleiter gewählt (vgl. Abbildung 4.4).

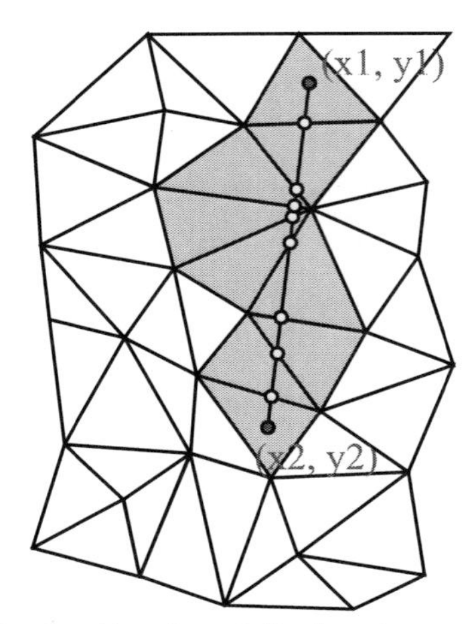

Abbildung 4.4: Ermittlung der Spundwandelemente aus direkten *Parametern*

In diesem Beispiel wird die Spundwandtrasse durch genau eine Strecke repräsentiert, für welches die optimale Variante gefunden werden soll. Der Startvektor der Optimierungsparameter wird zu $\vec{x}_0^0 = (0.5 \;\; 0.5 \;\; 0.5 \;\; 0.5 \;\; 0.5)$ gewählt. Die hochgestellte Zahl neben dem Vektor bezeichnet die Generation, die tiefgestellte Zahl gibt die Nummer λ des Nachkommen in der jeweiligen Generation an (jeweils Null für den Startvektor). Die Parameter sind normiert, so dass der Wert der möglichen Parameter zwischen Null und Eins liegt. Die Startparameter liegen mit dem Wert 0,5 genau in der Mitte der möglichen Parameterwahl, so dass der Vektor eine Deichtrasse repräsentiert, die senkrecht zur Hauptströmungsrichtung in der Mitte des Suchfeldes liegt und deren Spundwand bis zur Hälfte der Leitermächtigkeit in den Aquifer einbindet (vgl. Abbildung 4.5).

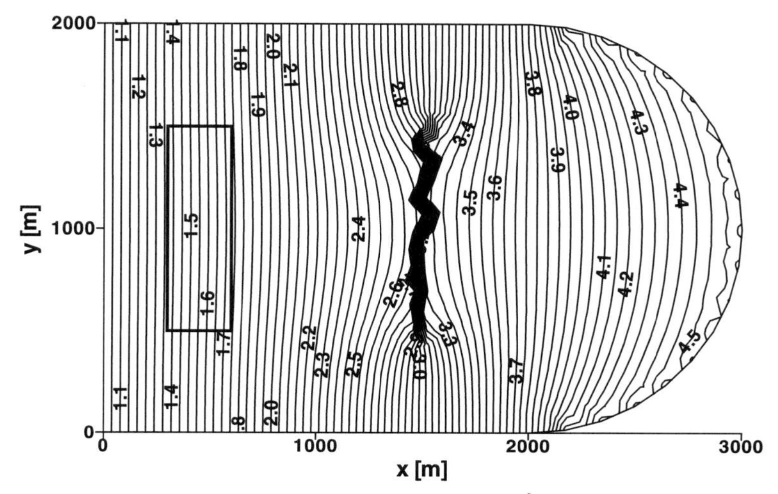

Abbildung 4.5: Berechnete Grundwassergleichen [m] für die Startvariante: $\vec{x}_0^0$ = (0.5 0.5 0.5 0.5 0.5)

4.6.4 Materialwerte

Im stationären Modell werden nur zwei unterschiedliche Durchlässigkeiten berücksichtigt (Abbildung 4.6). Der kleinste Durchlässigkeitsbeiwert wird den Spundwandelementen mit $k_f=10^{-10}$ m/s zugeordnet und beschreibt damit eine sehr starke Abdichtung. Alle übrigen Elemente, auch die Stabelemente, erhalten einen Materialwert von $k_f=5\cdot 10^{-4}$ *m/s*. Der Speicherkoeffizient S und die Porosität n werden im Rahmen der vorliegenden Untersuchungen mit $S=2\cdot 10^{-5}$ *1/s* bzw. $n=0.2$ angenommen.

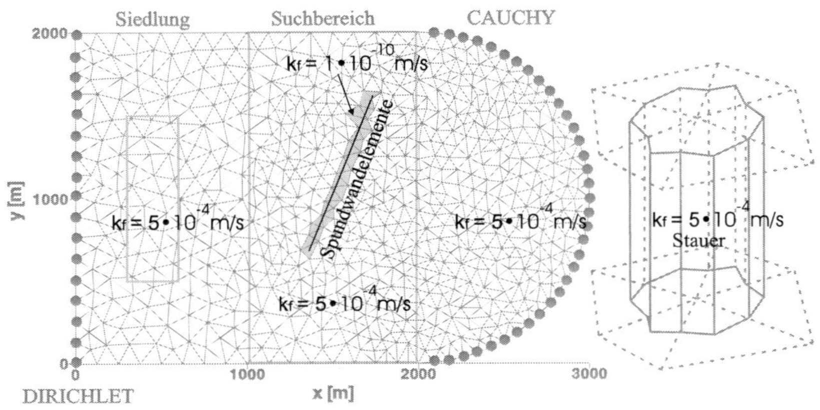

Abbildung 4.6: Materialparameter im stationären TESTMODELL

4.6.5 Modellrandbedingungen

Die stationären Randbedingungen werden gemäß Abbildung 4.3 angesetzt. Für die CAUCHY Randbedingung wird ein konstanter Flusswasserstand von *5 m* gewählt. Am linken Modellrand wird die DIRICHLET Randbedingung zeitunabhängig auf *1 m* festgelegt. Die Anfangswasserstände betragen für jeden Knoten *1 m*. Damit wird eine Strömungsrichtung für den unmittelbaren Hochwasserfall simuliert. Der Fluss wirkt nicht als Vorfluter, sondern infiltriert das Grundwasser.

4.6.6 Evaluierung

Die Ergebnisse aus der numerischen Berechnung werden automatisch durch den Aufruf entsprechend nachgeschalteter Computerprogramme im Rahmen des *Postprocessing* bewertet. Vereinfacht werden hier bestimmte Modellknoten ausgewählt, die ein Siedlungsgebiet repräsentieren, das vor zu hohen Grundwasserständen geschützt werden soll. Im Beispiel wird die Summe aller Grundwasserstände in diesem Siedlungsgebiet aufaddiert und im Rahmen der Optimierung minimiert.

4.6.7 Optimierung und Ergebnisse

Abbildung 4.7 und Abbildung 4.8 zeigen beispielhaft die Grundwassergleichen als numerische Berechnungsergebnisse der durch die Objektparameter vorgegebenen Untersuchungsvariante. Der Evaluierungsbereich ist jeweils durch das Rechteck im linken Drittel der Darstellungen angedeutet. Der Trassenverlauf der Spundwand spiegelt sich in den Isolinien durch einen erhöhten Gradienten wieder. Ausgehend von der Startvariante (Abbildung 4.5) werden die beiden Verbesserungsstufen der Optimierung dargestellt. Eine Verbesserungsstufe wird dann erreicht, wenn eine vom Algorithmus vorgeschlagene Variante zu einem kleineren Bewertungsergebnis führt als die bis dahin favorisierte Variante. Die Systematik des Optimierungsverfahrens ist in diesem Beispiel auch bei Betrachtung aller elf Ergebnisdarstellungen nicht zu erkennen. Daher wird darauf an dieser Stelle verzichtet und auf die Darstellungen von VAN LINN & KÖNGETER (2005) verwiesen.

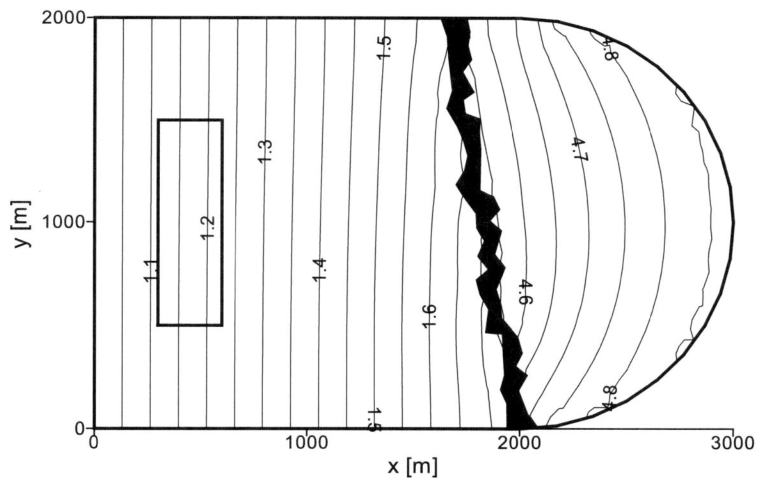

Abbildung 4.7: Grundwassergleichen [m] nach viertem Optimierungslauf: $\vec{x}_4^1$ *= (0.649 1.000 1.000 1.000 0.000)*

Die optimale Variante wird durch Abbildung 4.8 repräsentiert. Die Deichtrasse verläuft entlang des linken Randes des Suchbereichs und mit der maximalen Einbindetiefe der Spundwand. Aufgrund der geringen aber vorhandenen Durchlässigkeit der Spundwandelemente mit einem k_f – Wert von 10^{-10} *m/s* wirken diese nicht als absolute Dichtwand.

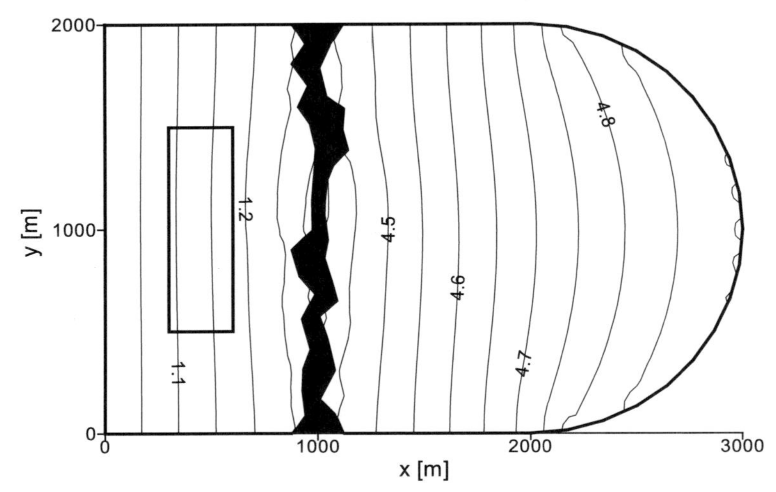

Abbildung 4.8: Grundwassergleichen [m] nach 11. Optimierungslauf: $\vec{x}_{11}^{2}$ *= (0.000 1.000 1.000 0.000 0.000)*

Die so gefundene optimale Lösung ist unter Berücksichtigung der vorliegenden Randbedingungen plausibel. Abbildung 4.9 veranschaulicht das Prinzip der Spundwandunterströmung für zwei Varianten, einmal im Nahbereich der Siedlung (Variante 1) und einmal weiter von der Siedlung entfernt (Variante 2).

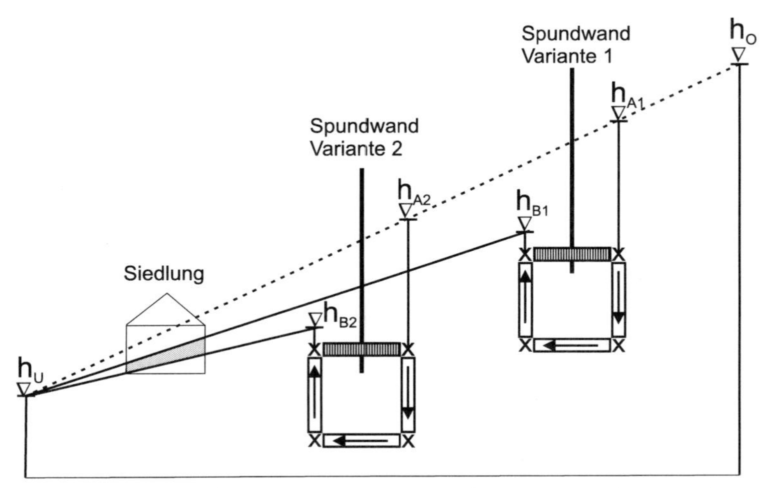

Abbildung 4.9: Prinzip der Spundwandunterströmung bei stationären Randbedingungen und unter Ausschluss der Spundwandüberströmung

Durch die fest vorgegebenen Randbedingungen h_O und h_U als Grundwasserhöhen ergibt sich für beide Spundwandvarianten der gleiche Gradient und bei gleichen geologischen Verhältnissen der gleiche Potentialabbau $\Delta h=h_{A1}-h_{B1}=h_{A2}-h_{B2}$. Der Grundwasseraufstau auf der jeweils rechten Spundwandseite wird in der Prinzipdarstellung vernachlässigt, da er ebenfalls in beiden Varianten gleich ist. Im Bereich des Siedlungsgebietes ist die Differenz der Grundwasserstände beider Varianten durch die grau hinterlegte Fläche angedeutet. Die Grundwasserhöhen für Variante 2 liegen niedriger und damit günstiger als für Variante 1.

Im vorliegenden Beispiel bleibt der Einfluss des direkten Hochwassers unberücksichtigt, so dass ein Überströmen der Spundwand ausgeschlossen wird. Dies geschieht unter der Annahme, dass das Flusswasser die Ufer nicht verlässt. Die Untersuchungen in Kapitel 4.8 schließen auch den Einfluss des in der Regel nicht zu vernachlässigenden Oberflächenwassers mit ein.

Die Untersuchungen am stationären Modell bestätigen die prinzipielle Eignung der Automatischen Optimierung zur Lösung aktueller Aufgaben im Wasserbau.

4.7 Automatische Optimierung und Parameterstudie - Instationäres Modell

4.7.1 Allgemeines

Die Untersuchungen am instationären numerischen Modell und die Integration einer erweiterten Bewertung in das Optimierungssystem sind Gegenstand des Kapitels 4.7. Dabei geht es nicht um die getreue Abbildung eines realen Szenarios, sondern hauptsächlich darum, erstmals eine umfassende Betrachtung zu automatisieren. Insbesondere werden wirtschaftliche Aspekte und Elemente der Risikoanalyse in die Bewertung einbezogen. Als wesentlicher Bestandteil dieses Kapitels wird die *indirekte* Parametrisierung (*Elemental Parametrization* nach VAN LINN, 2005) verwendet und im Leistungstest mit der herkömmlichen Methode, der *direkten* Parametrisierung, wie sie im vorangegangene Kapitel 4.6 verwendet wird (*Geometrical Parametrization* nach VAN LINN, 2005), verglichen und bewertet. Im Folgenden werden die wesentlichen Grundlagen und Ergebnisse der Untersuchungen am instationären TESTMODELL erläutert.

4.7.2 Materialparameter

Die Wahl der Materialparameter entspricht den Angaben aus der stationären Untersuchung (vgl. Kap. 4.6.4) mit dem Unterschied, dass die erste Elementreihe am linken Modellrand mit einem Durchlässigkeitsbeiwert von k_f=5·10^{-5} m/s belegt wird. Durch diesen um den Faktor 10 undurchlässigeren Beiwert wird der Einfluss der Randbedingung auf das in unmittelbarer Nähe liegende Siedlungsgebiet abgeschwächt und im Effekt ein größeres Modellgebiet simuliert. Die Verteilung der Materialparameter ist in Abbildung 4.10 dargestellt.

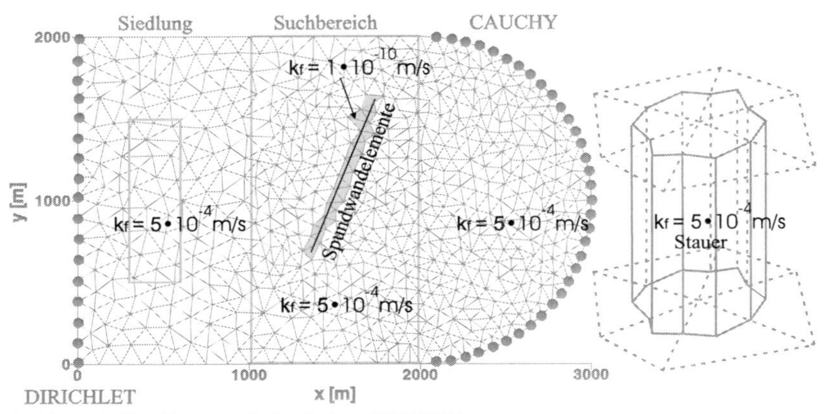

Abbildung 4.10: Materialparameter im instationären TESTMODELL

4.7.3 Modellrandbedingungen

Die Modellrandbedingungen entsprechen im Wesentlichen den Beschreibungen gemäß Kapitel 4.6. Die Geländeoberkante wird willkürlich angenommen und mit einer empirisch ermittelten Formel (13) modelliert, so dass sich ein zur Flussniederung (von links nach rechts) und in Fließrichtung (von unten nach oben) abfallender Geländeverlauf ergibt (Abbildung 4.11). Am linken Modellrand wird ein konstanter Grundwasserstand von *5 m* gewählt

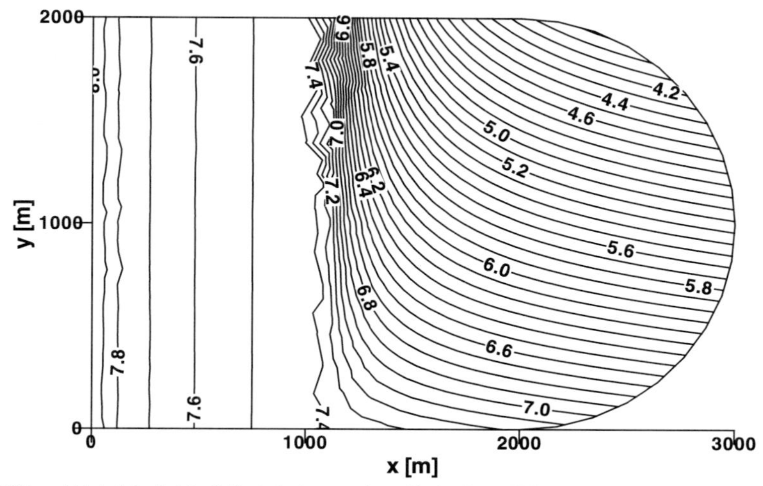

Abbildung 4.11: Isolinien [m] der Geländeoberkante nach empirischer Formel (13)

$$h_{GOK} = 8m - \max\left[\frac{(x-1100)}{\max[(x-850),10^{-5}]},1\right]\cdot\frac{y}{500} - \sqrt{\frac{y}{3000}} \tag{13}$$

Im Bereich des Flusses wird die stationäre CAUCHY-Randbedingung durch eine instationäre Hochwasserwelle ersetzt. Diese wird in Anlehnung an die am Kölner Pegel gemessene Hochwasserwelle von 1988 so generiert, dass sie einem hundertjährlichen Hochwasser entspricht. Abbildung 4.12 veranschaulicht die Extrapolation der Ganglinie mit einem Spitzenwasserstand von *9.95 m* auf den Pegelstand von *11.30 m* mit einer hundertjährlichen Wahrscheinlichkeit.

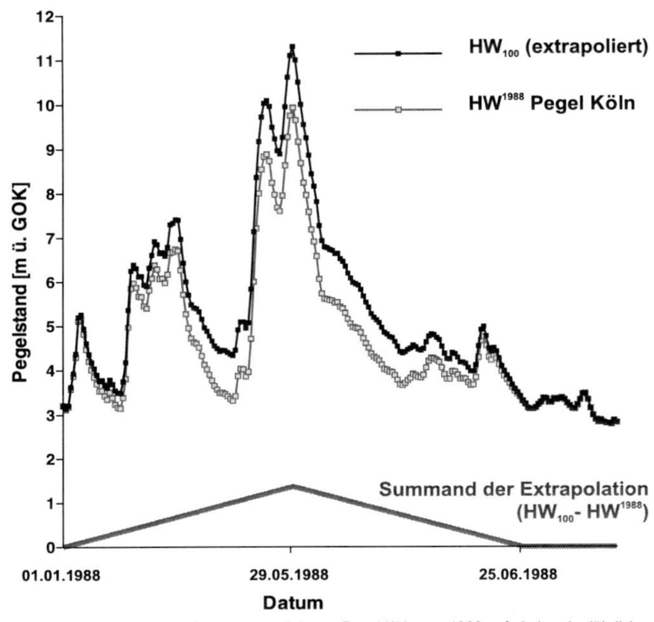

Abbildung 4.12: Extrapolation der Hochwasserganglinie am Pegel Köln von 1988 auf ein hundertjährliches Hochwasser (HW100)

Die Angaben wurden dem Deutschen Gewässerkundlichen Jahrbuch (DGJ) (BFG, 2005) entnommen. Der so berechnete Fusspegel (Hochwasserwelle - HW) wird am Anfangs- und am Endpunkt des Flusses im Modell mit der jeweiligen Höhe der Geländeoberkante (HGOK) addiert. Die Eintiefung des Flussbettes (TFB) am Modellrand wurde bei der Modellierung der Geländeoberkante durch Gleichung (13) nicht berücksichtigt. Daher wird beim Ansatz des instationären Flusswasserstandes als Randbedingung (HRB), die mittlere Eintiefung des Flussbettes von *3,55 m* angenommen (entspricht dem Mittelwasserstand bei dem der Fluss noch nicht über seine Ufer tritt) und berücksichtigt, so dass der Randbedingungsansatz vom Niveau der Flusssohle aus erfolgt. Abbildung 4.13 veranschaulicht diesen Zusammenhang und Gleichung (14) verdeutlicht die Berechnung der Randbedingungshöhen.

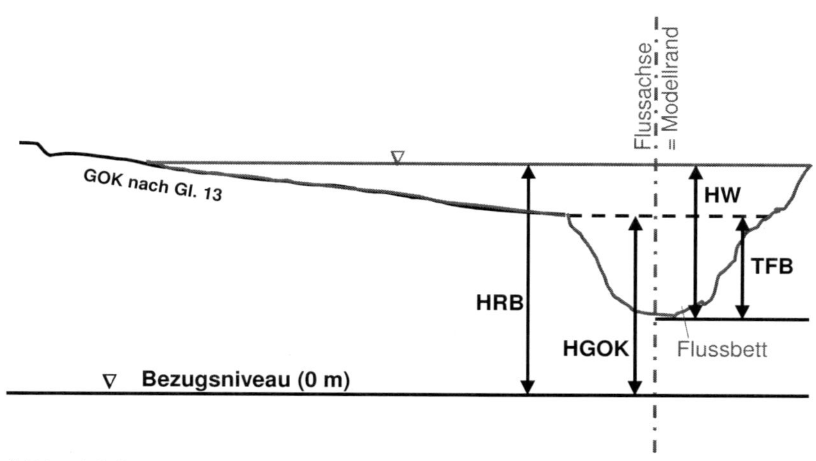

Abbildung 4.13: Zusammenhang zur Berechnung der Randbedingung auf Grundlage der Pegel-/Hochwasserstände (HW) des Flusses

$$HRB = HW + HGOK - TFB \tag{14}$$

Durch lineare Interpolation dieser Randbedingungshöhen zwischen dem Anfangs- und Endpunkt des Flusslaufes wird jedem Flussknoten eine instationäre Randbedingung zugeordnet.

4.7.4 Objektparameter - Nebenbedingungen

Als *indirekte* Optimierungsparameter werden zwei Knotenpunkte (P1 und P2) und die Einbindelänge (z) der Spundwand in den Grundwasserleiter gewählt (vgl. Abbildung 4.14). Im Vergleich zur *direkten* Parametrisierung reduziert sich die Anzahl der Optimierungsparameter somit bei der *indirekten* Parametrisierung auf drei.

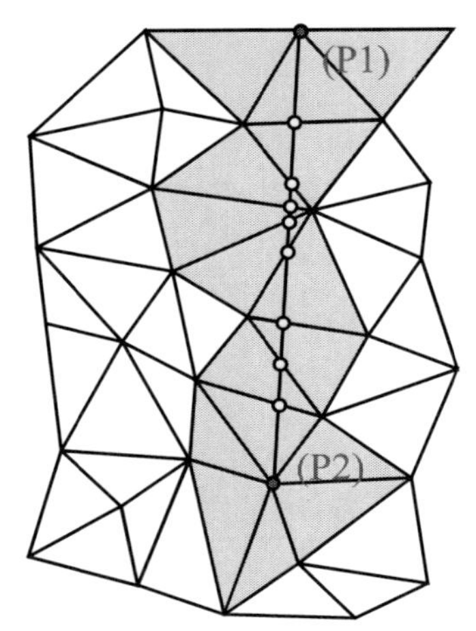

Abbildung 4.14: Ermittlung der Spundwandelemente aus indirekten Parametern

Im Rahmen der Optimierung werden die Objektparameter auf Werte zwischen Null und Eins normiert (nach Gleichung (1)) . Die Übertragung der Punktparameter auf die zugehörigen Modellknoten und Koordinaten erfolgt über die Schlüsselzuordnung gemäß Tabelle 2 eindeutig. Diese Zuordnung wird am folgenden Beispiel für den normierten Parameterwert $P_{norm}=1$ erläutert:

Gegeben sind folgende Werte gemäß Tabelle 2: Pmin = 1 und Pmax=287.

Nach Umstellung von Gleichung (1) ergibt sich der nicht normierte Parameterwert zu:

$$P = P_{norm} \cdot (P_{\max} - P_{\min}) + P_{\min} = 1 \cdot (287 - 1) + 1 = 287$$

Anhand des Koordinatenverzeichnisses (vgl. Tabelle 2) lassen sich damit die Referenzknotennummer (717) und die zugehörigen Koordinaten (x=2000 und y=0) ermitteln.

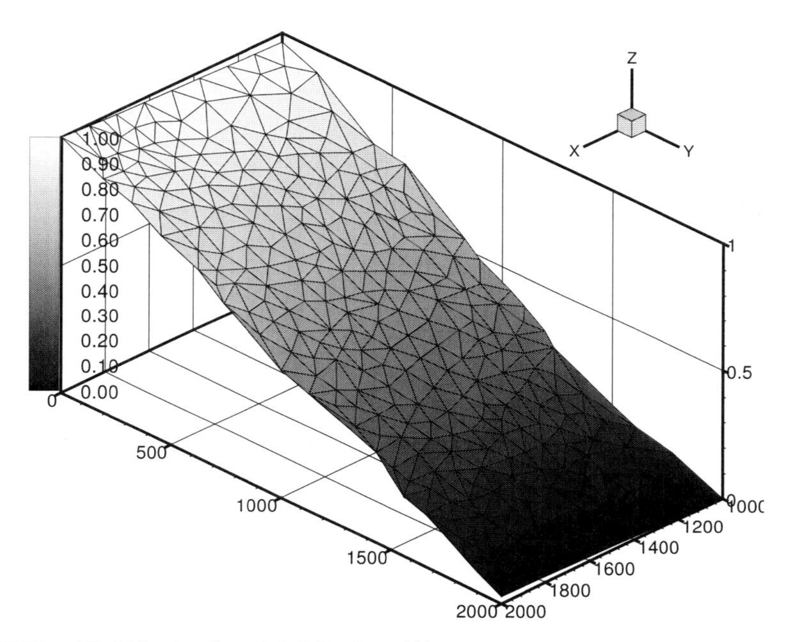

Abbildung 4.15: Schlüsselzuordnung der indirekten *Parametrisierung*

Die Schlüsselzuordnung für die *indirekte* Parametrisierung ist in Abbildung 4.15 visualisiert. Dargestellt ist die Diskretisierung des FE-Netzes im Suchbereich der Spundwand in Abhängigkeit ihrer Lagekoordinaten x und y sowie, in der dritten Dimension bzw. als Kontur, des normierten Punktparameterwertes *Pnorm*. Jedem normierten Punktparameter kann genau eine Knotennummer des diskretisierten Referenznetzes zugeordnet werden.

4.7.5 Bewertung

Zur Implementierung eines realitätsnahen Bewertungsmoduls in das Optimierungssystem werden Kosten und Schadensfunktionen aus der praktischen Kostenermittlung verwendet. Es sei jedoch ausdrücklich darauf hingewiesen, dass es in dieser Arbeit nicht um eine genaue quantitative Ermittlung von Kosten geht, sondern um die qualitative Einbindung typischer Bewertungsfunktionen und damit eine realitätsnahe Anpassung der Zielfunktion und des Optimierungssystems. Die reale Quantifizierung der Bewertung kann im denkbaren praktischen Einsatz eines Optimierungssystems durch den Anwender vorgenommen werden. Durch entsprechende Anpassung oder den Austausch der

Funktionen im Bewertungsmodul kann dieses beliebig und entsprechend der Aufgabenstellung erweitert werden. Im Rahmen von genaueren Betrachtungen kann zur Quantifizierung und Bewertung auch jede genauere und ausführlichere Schadensfunktion angesetzt werden. SCHMIDTKE (1995), MERZ ET AL. (2004) und BRUCK (2004) führen beispielsweise detailliertere Untersuchungen zur Kostenermittlung durch. Weitere Untersuchungen zum Thema Schadenspotentiale finden sich in IKSR (1998 & 2002) sowie IRMA-SPONGE (2002)

Die Kosten für den Bau der Spundwand werden nach einem willkürlichen, empirischen Ansatz in Anlehnung an Erfahrungswerte sowie anerkannte Regelwerke zur Kosten- und Leistungsermittlung für den Verbau und Rammarbeiten (vgl. ATV DIN 18299) angenommen. Durch die gewählte Kostenformel (Gl. (15)) wird einem überproportional hohen Arbeitsaufwand bei einer Rammtiefe von über *25 m* Rechnung getragen. Grundlage bildet ein angenommener Einheitspreis von *100 Euro* pro m^2. Abbildung 4.16 zeigt den Einheitspreis pro laufenden Meter in Abhängigkeit von der Rammtiefe. Durch den nicht linearen Verlauf der Kostenfunktion wird ein überproportionaler Kostenzuwachs mit zunehmender Rammtiefe berücksichtigt. Ab einer Rammtiefe von 25 m übersteigen die Kosten gemäß Gleichung (15) die Kosten bei linearer Kostenfunktion (vgl. Abbildung 4.16). Durch Einsetzen der Einbindetiefe z unter GOK sowie der Spundwandhöhe *spwh* über GOK, errechnen sich die Kosten K pro laufenden Meter Trassenlänge des Spundwandbaus.

$$K = 100 \frac{Euro}{m^2} \cdot (spwh + \frac{z^2}{25m}) \qquad (15)$$

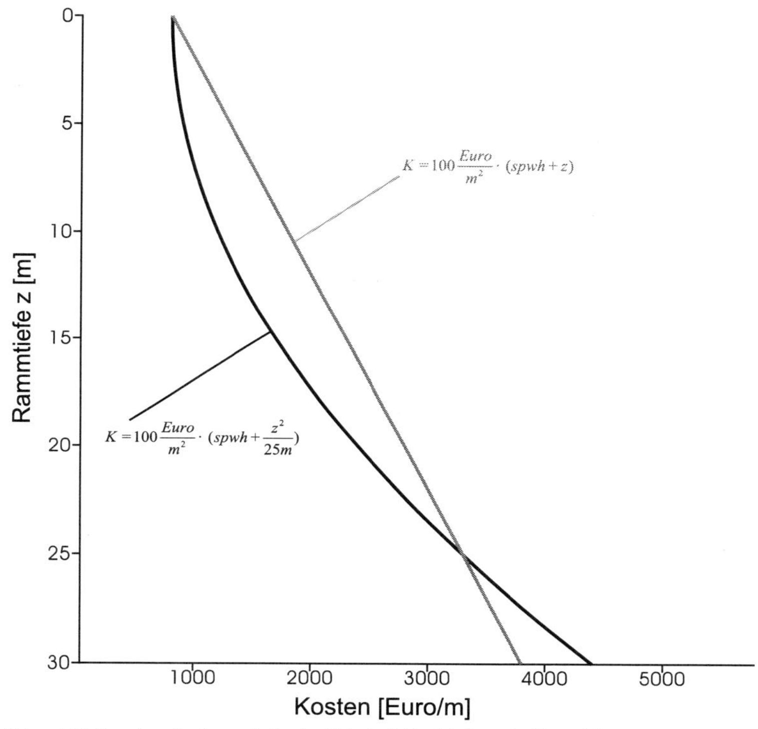

Abbildung 4.16: Spundwandkosten pro laufenden Meter in Abhängigkeit von der Rammtiefe

Zur Berechnung der jährlichen Kosten für die Hochwasserschutzmaßnahme (hier: Spundwandkosten I_{Spw} = Kosten K pro laufenden Meter L multipliziert mit L) werden die Investitionskosten mit dem Kapitalrückflussfaktor F_{KR} nach Gleichung (12) multipliziert. Dieser ergibt sich unter Berücksichtigung eines angenommenen Zinssatzes von *8%* und einer Lebensdauer von *50* Jahren zu $F_{KR} = 0.082$. Die jährlichen Kosten für die Hochwasserschutzmaßnahme I_a errechnen sich damit nach folgender Gleichung

$$I_a = I_{Spw}\cdot F_{KR} = \left(100\frac{Euro}{m^2}\cdot(spwh+\frac{z^2}{25m})\cdot L\right)\cdot 0{,}082 \qquad (16)$$

SCHMIDTKE (1995) gibt einen statistisch ermittelten Schadensverlauf in Abhängigkeit der Überflutungshöhen in Keller und Erdgeschoss für bestimmte Gebäudetypen an (vgl. Abbildung 4.17). In Anlehnung daran wurden die mathematischen Gleichungen (17) und (18) ermittelt, die einen vergleichbaren Schadensverlauf wiedergeben. Im Rahmen der Untersuchungen wird im Einzugsbereich jedes Modellknotens im Siedlungsgebiet eine Gebäudezahl von eins angenommen. Um auch andere Schäden wie Infrastrukturkosten und Folgeschäden zu berücksichtigen wird zur Kostenermittlung der Faktor *5* angenommen.

Keller: $$f_I(h_I) = 10000\ € \cdot (h_I)^{0,4} \quad (17)$$

Erdgeschoss: $$f_{II}(h_{II}) = 14427\ € + 20000\ € \cdot (h_{II})^{0,8} \quad (18)$$

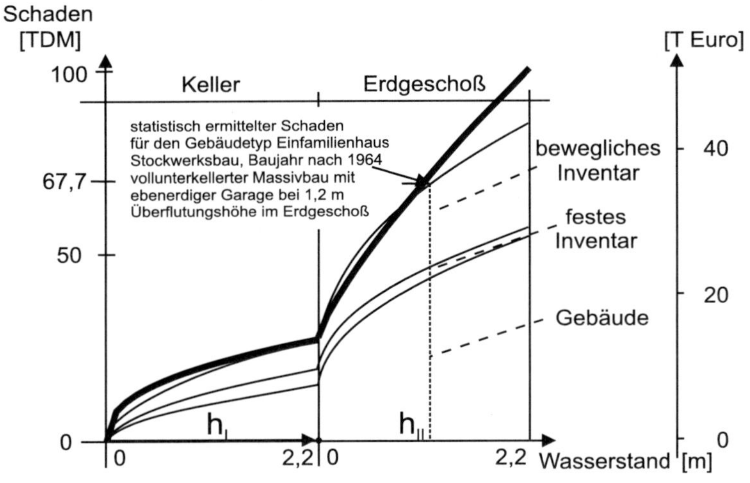

Abbildung 4.17: Empirische Schadensfunktion in Anlehnung an SCHMIDTKE (1995)

4.7.6 Parameterstudie

Die jeweilige Güte der Optimierungsergebnisse für die unterschiedlichen Ansätze der Parametrisierung wird auf der Grundlage statistischer Kriterien bewertet. In Anlehnung an BORTZ (1993) werden die *Objektivität*, die *Reliabilität* und die „*Validität*" der beiden Verfahren miteinander verglichen und bewertet.

Demnach zeichnet sich die **Objektivität** einer Optimierung dadurch aus, dass mehrere voneinander unabhängige Berechnungen durchgeführt werden und jeder subjektive Einfluss möglichst gering gehalten wird. Die zuletzt genannte Bedingung wird durch die vollständige Automatisierung bei der Parameterstudie erreicht.

Unter **Reliabilität** ist die Zuverlässigkeit der Berechnungsergebnisse zu verstehen. Diese wird dann erreicht, wenn die Resultate bei wiederholter automatischer Optimierung reproduzierbar sind. Der Grad der Reliabilität lässt sich durch die Standardabweichung nach Gleichung (19) ausdrücken.

$$s = \sqrt{\frac{1}{n} \cdot \sum_{i=1}^{n} (x_i - \overline{x})^2} \qquad (19)$$

Darin bezeichnet n die Anzahl der unabhängigen Berechnungen bzw. der Stichprobe, x_i die i-te Stichprobe und $\overline{x}$ das arithmetische Mittel nach Gleichung (20).

$$\overline{x} = \frac{\sum_{i=1}^{n} x_i}{n} \qquad (20)$$

Die Standardabweichung ist ein Streumaß und beschreibt die mittlere Abweichung vom arithmetischen Mittelwert bei wiederholten Berechnungen. Je geringer die Standardabweichung der Stichprobe desto zuverlässiger das Ergebnis einer einzelnen Berechnung.

Mit der „**Validität**" wird hier die Gültigkeit eines Messvorgangs bzw. des automatisch optimierten Ergebnisses – in der Regel die zu reduzierenden Gesamtkosten – ermittelt. Je genauer das Berechnungsverfahren den interessierenden Sachverhalt – z.B. das globale Minimum – zu erfassen vermag, desto größer ist dessen „Validität".

Im Rahmen des Vergleichs werden mit beiden Parameterverfahren jeweils *100* unabhängige Optimierungsläufe mit teilweise über *1000* berechneten Lösungen durchgeführt. Jeder Optimierungslauf ermittelt im Rahmen der gleichbleibenden Abbruchbedingungen die bestmögliche Variante. Die Ergebnisse sind in Abbildung 4.18 und Abbildung 4.19 zusammengefasst. Gestrichelt und mit quadratischen Symbolen versehen sind die Ergebnisse der Optimierungsläufe, die mit der *direkten* Parametrisierung, also im Beispiel mit *5* Parametern, durchgeführt wurden. Die Resultate der *indirekten* Parametrisierung werden mit durchgezogener Linie und dreieckigen Symbolen dargestellt. Die horizontalen Balken stellen die zugehörigen arithmetischen Mittelwerte dar.

Abbildung 4.18 gibt für jeden Optimierungslauf die Anzahl der Evaluierungen bis zum Erreichen des Abbruchkriteriums wieder. Ziel ist der Vergleich der beiden Parametrisierungsmethoden. Damit die statistische Vergleichbarkeit gewährleistet ist, wird die Abbruchbedingung mit maximal 100 aufeinander folgenden Evaluierungen ohne Verbesserung so gewählt, dass beide Methoden nicht immer konvergieren. Würden beide Methoden immer konvergieren könnten keine Aussagen beispielsweise über die unterschiedliche Zuverlässigkeit der Verfahren (die Standardabweichung wäre bei beiden Methoden Null) gemacht werden.

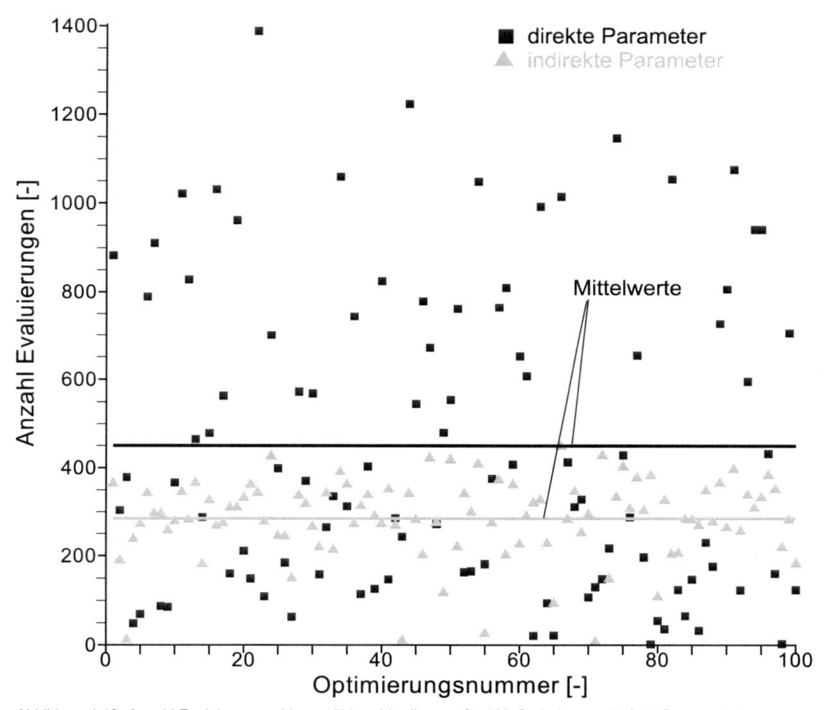

Abbildung 4.18: Anzahl Evaluierungen bis zur Abbruchbedingung für 100 *Optimierungsläufe je Parametrisierung*

Die Automatische Optimierung mit *indirekter* Parametrisierung zeigt mit durchschnittlich *285* Funktionsaufrufen ein deutlich besseres Konvergenzverhalten als mit der *direkten* Methode. Diese benötigt im Beispiel durchschnittlich *450* Evaluierungen. Die Streuung der Konvergenz ist bei der *indirekten* Parametrisierung geringer, so dass jeder einzelne Optimierungslauf zuverlässiger konvergiert (Reliabilität). Die vorhandene Streuung der Konvergenz liegt in der Natur des stochastischen Verfahrens begründet. Der Zufallsanteil bei der Bestimmung neuer Parameter kann eine Schätzung des globalen Minimums bereits nach wenigen Generationen bewirken. Die beschriebene Reliabilität ist nur dann von Vorteil, wenn sie mit einer entsprechend zuverlässigen Vorhersage des globalen Minimums einhergeht. Auch hier spiegelt sich die Zuverlässigkeit in der Standardabweichung der in den *100* unabhängigen Optimierungsläufen ermittelten besten Bewertungen wieder. Je geringer das Streumaβ desto zuverlässiger das Einzelergebnis. Abbildung 4.19 verdeutlicht die geringere Standardabweichung bei den Optimierungen mit *indirekter* Parametrisierung gegenüber denen mit *direkter* Parametrisierung. Die

Diskrepanz zwischen den minimal erreichten Bewertungen beider Methoden resultiert aus dem Einfluss der Diskretisierung.

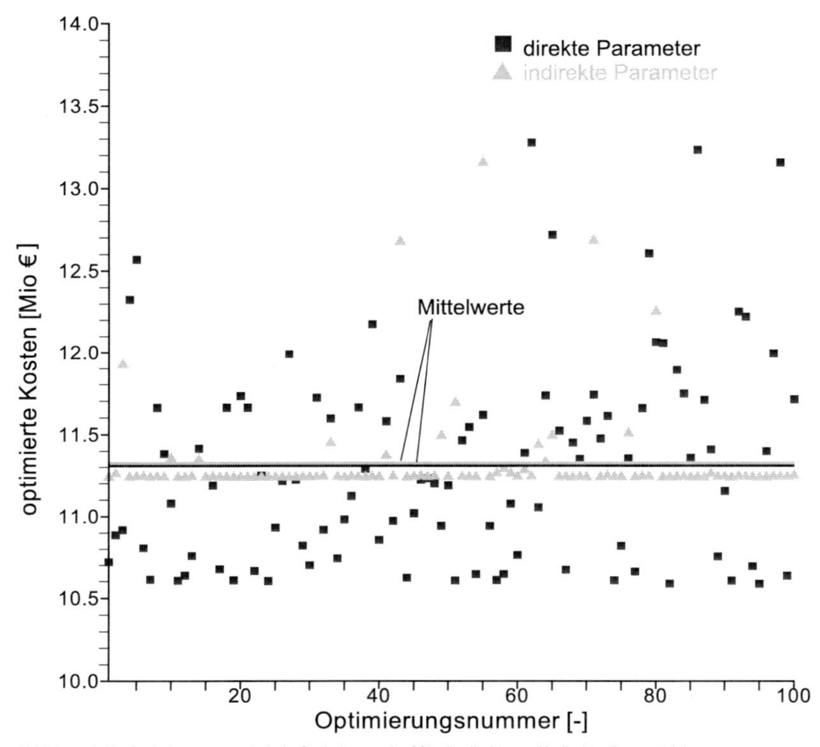

Abbildung 4.19: Optimierungsergebnis je Optimierungslauf für die direkte *und* indirekte *Parametrisierung*

Während bei der *indirekten* Methode nur diskrete Punktkoordinaten bei der Berechnung der Spundwandlänge und damit der Kosten berücksichtigt werden, werden bei der *direkten* Methode auch Anfangs- und Endknoten des Spundwandsegmentes berücksichtigt, die zwischen der Finite-Elemente-Diskretisierung liegen. Bei gleicher Spundwandvariante, d.h. dieselben Elemente werden als undurchlässige Spundwandelemente ermittelt, gehen in diesem Fall bei der *indirekten* Methode höhere Kosten in die Bewertung ein. Diesen Zusammenhang verdeutlicht Abbildung 4.21. Dargestellt sind die Knoten der Elemente, die für beide Parametrisierungsmethoden und die jeweils beste Variante aller *100* Optimierungen die Spundwandelemente repräsentieren. Die Spundwandelemente stimmen für beide Verfahren nahezu überein. Die Elemente, die bei der *indirekten* Methode zusätzlich identifiziert werden, spielen für die berechneten Grundwasserstände und das Ergebnis der daraus ermittelten Schäden keine Rolle. Abbildung 4.20 zeigt die Grundwasserstände, die sich bei der jeweils optimalen Spundwandvariante bei der direkten und indirekten Parametrisierung ergeben. Die Grundwasserstände im für die Bewertung relevanten Siedlungsgebiet stimmen mit Abweichungen im Millimeter Bereich überein. Damit wird die indirekte Methode anhand der direkten Methode validiert.

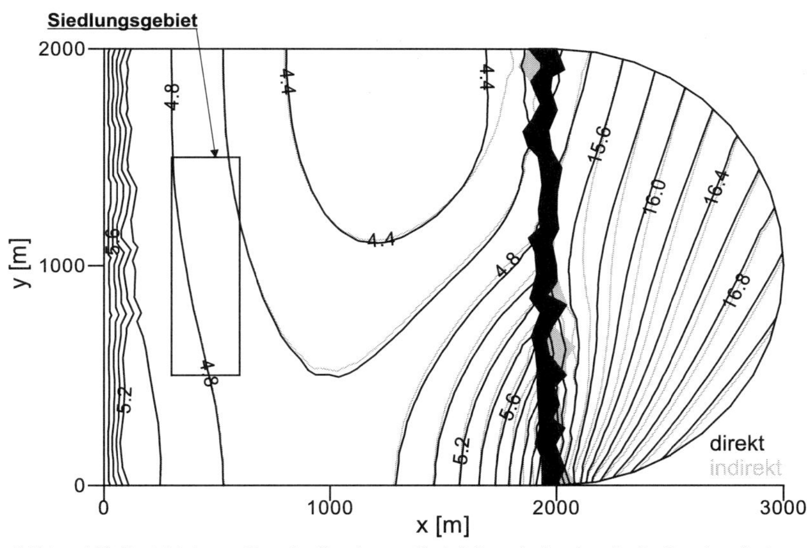

Abbildung 4.20: Vergleich der resultierenden Grundwasserstände [m] aus den jeweils optimalen Spundwandvarianten bei der direkten *und* indirekten *Parametrisierung*

In der Vergrößerung der Abbildung 4.21 sind die Elemente im Nahbereich eines Endpunktes (*Pd, Pi*) des jeweiligen Spundwandsegmentes der optimierten Lösungen dargestellt. Im Optimierungsbeispiel stellt sich die Tendenz heraus, dass Spundwandverläufe, die möglichst weit vom Siedlungsgebiet entfernt sind, hydraulisch günstiger wirken und damit eine verbesserte Lösung darstellen. In diesem Sinne sollten möglichst die Elemente *2 bis 5* als undurchlässige Spundwandelemente wirken und gleichzeitig den Elementen *6 und 7* durchlässige Materialparametern zugeordnet werden, da sonst die Spundwandwirkung wiederum näher ans Siedlungsgebiet heranrückt.

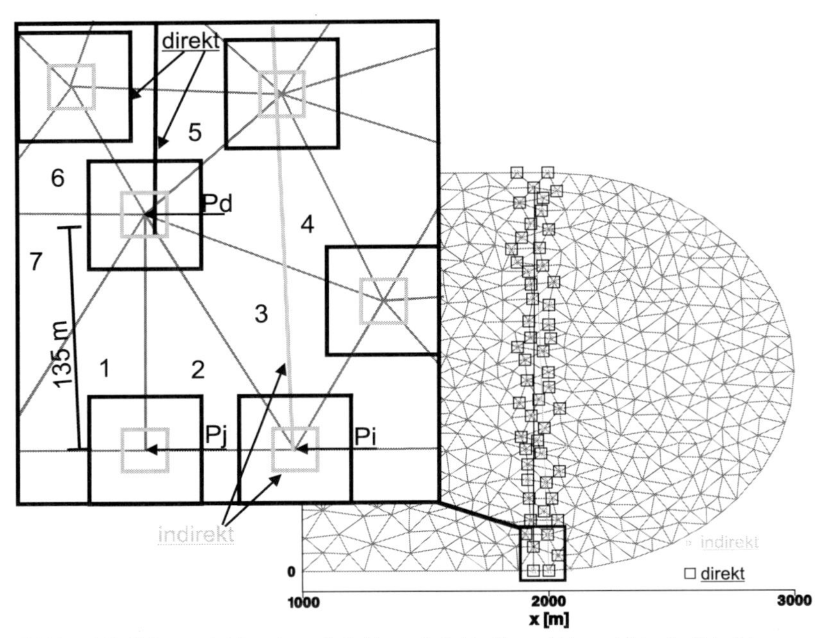

Abbildung 4.21: Diskrepanz bei Bewertung mit direkter *und* indirekter *Parametrisierung infolge der Diskretisierung*

Diese vom Algorithmus „erlernten" Randbedingungen werden bei der *direkten* Methode dadurch eingehalten, dass der Endpunkt der Spundwand links neben dem Netzknoten *Pd* liegt und die Elemente *2 bis 5* in mindestens einem Segment schneidet. Die *indirekte* Methode erreicht dies nur, wenn der Endpunkt auf *Pi* liegt (oder auf *Pj*). Läge der Endpunkt beispielsweise auf *Pd*, würden sämtliche Elemente *1 bis 7*, die den Punkt *Pd* enthalten, als Spundwandelemente identifiziert, und der Spundwandverlauf läge insgesamt näher dem Siedlungsgebiet.

Der Unterschied in der Bewertung ergibt sich aus dem Längenunterschied des parametrisierten Spundwandsegmentes. Aus Abbildung 4.16 lässt sich bei maximaler Spundwandtiefe von *30 m* ein Preis von *4400 Euro* pro laufenden Meter ablesen. Bei einem Längenunterschied von ca. *135 m* ergibt sich eine Differenz von etwa *594000 Euro* im Vergleich der besten Varianten beider Parametrisierungen. Dies spiegelt sich entsprechend in den Optima der bewerteten Varianten wieder (vgl. Abbildung 4.19). Die Spundwandkosten werden somit bei der so verwendeten *direkten* Parametrisierung in der Größenordung einer Elementseitenlänge unterschätzt. Der Diskretisierungsfehler zwischen den beiden Parametrisierungsmethoden lässt sich als Quotient aus der Kostendifferenz (*594000 Euro*) und den berechneten Gesamtkosten bei der *direkten* Methode (*11,6 Mio. Euro*) auf ca. *5 %* beziffern. Mit einer entsprechend feineren Diskretisierung insbesondere im Nahbereich der Spundwand verkleinert sich diese Abweichung.

Demny (2004) weist ebenfalls auf verschiedene Fehlerquellen bei der automatischen Optimierung hin. Insbesondere wird der Diskretisierungsfehler des Strömungsmodells in diesem Zusammenhang untersucht. Zur Reduzierung derartiger Fehler wird eine ausreichend feine Diskretisierung empfohlen.

Ein wesentlicher Einfluss der Diskretisierung auf das Streumaβ und damit auf die Güte des Parametrisierungsverfahrens kann ausgeschlossen werden, da es sich bei der Unterschätzung der Spundwandkosten um einen systematischen Fehler handelt. Die Abweichungen vom Mittelwert bleiben unberührt. Im Rahmen der Parameterstudie wird auf eine weiterführende Fehlerbetrachtung verzichtet, zumal sich trotz der tendenziellen Benachteiligung der *indirekten* Parametrisierungsmethode durch die zu grobe Diskretisierung insgesamt der Vorteil dieser Methode gegenüber der *direkten* Parametrisierung herausstellt.

4.8 Automatische Optimierung und Risikoanalyse – Instationäres Modell

4.8.1 Allgemeines

Grundlage für die automatisierte Risikoanalyse bilden die bisher beschriebenen Untersuchungen und Ergebnisse mit dem TESTMODELL. Die Erkenntnisse aus der Parameterstudie zur Verbesserung der Optimierungsleistung werden berücksichtigt indem die *indirekte* Parametrisierung verwendet wird. Als Erweiterung zum Bewertungsmodul aus Kapitel 4.7 wird eine vollständige Risikoanalyse, wie sie in Abschnitt 3.5 vorgestellt wird, integriert. Die Optimierung der Hochwasserschutzvarianten erfolgt durch die Minimierung der zu erwartenden jährlichen Gesamtkosten.

4.8.2 Materialparameter

Die Materialparameter bleiben gegenüber den vorangegangen Modelluntersuchungen (vgl. Kap. 4.7.2) unverändert.

4.8.3 Modellrandbedingungen

Bei der Ermittlung des Gesamtrisikos werden als Flussrandbedingungen die den entsprechenden „Einzelrisiken" zugehörigen Hochwasserwellen angesetzt. Abbildung 4.22 zeigt das Spektrum dieser berücksichtigten Hochwasserganglinien. Die Berechnung und die Interpolation auf sämtliche Flussknoten erfolgt als gängige Praxis entsprechend dem Vorgehen in Kapitel 4.7.3. Der Ansatz erfolgt als LEAKAGE Randbedingung. Die Höhen der dargestellten Hochwasserganglinien und deren Interpolation auf die Flussknoten, werden im Modell den Geländehöhen des Flussbettes aufaddiert.

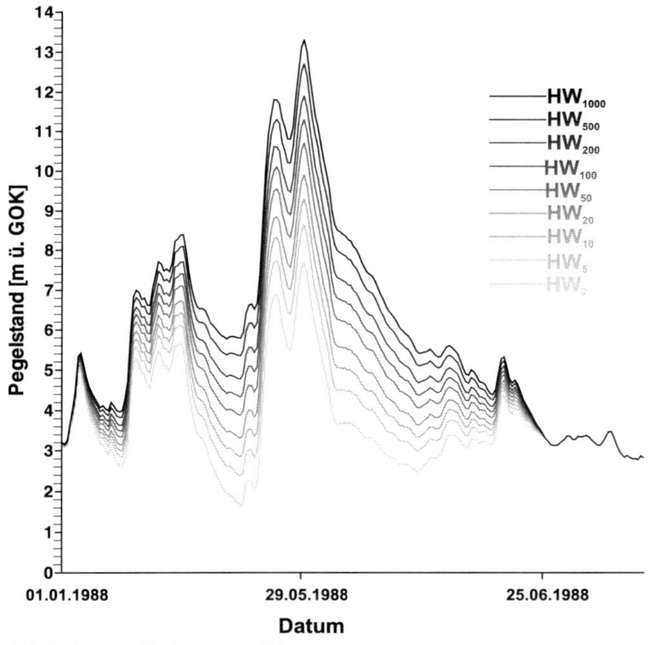

Abbildung 4.22: Spektrum der Hochwasserganglinien

Mit Hilfe des Berechnungsprogramms *uflut2.f* (vgl. Tabelle 1) werden diese instationären Hochwasserstände des Fliessgewässers für jeden Zeitpunkt und unter Berücksichtigung von Knotenentfernungen mit den Geländehöhen des Modellgebietes verschnitten und somit maximale Überflutungsflächen bestimmt. Die hydraulische Einbindung dieser Überschwemmungsgebiete im Modell erfolgt wiederum als LEAKAGE Randbedingung und für jede Spundwand bzw. Deichvariante sowie für jedes Bemessungshochwasser neu. Abbildung 4.23 zeigt beispielhaft die maximale Überflutungsfläche für die optimierte Variante mit zwei Spundwandsegmenten *(2seg)* bei einem hundertjährlichen Hochwasser. Die Höhe des Deiches wird dabei zu *12 m* über dem Bezugsniveau (*0m*) festgelegt. Damit erfolgt ein Überströmen des Deiches erst ab einem das Bemessungshochwasser (*HW100*) übersteigenden Ereignis.

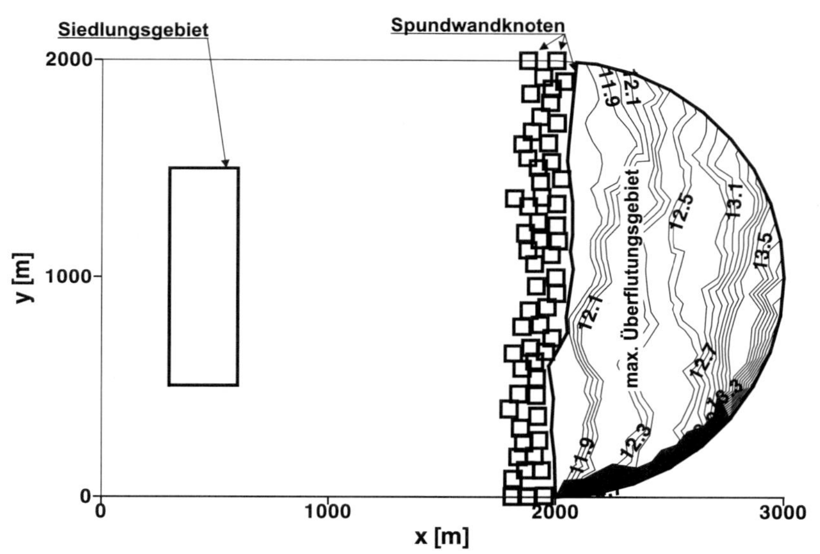

Abbildung 4.23: Maximaler Überschwemmungsbereich mit Grundwasserhöhen über Bezugsniveau [0 m] bei hundertjährlichem Hochwasser HW100, *12 m Deichhöhe und bei optimierter Variante* (2seg)

Am linken Modellrand wird ein konstanter Grundwasserscheitel von *5 m* berücksichtigt. Dadurch wird in Zeiten niedrigerer Flusswasserstände eine Grundwasserströmungsrichtung vom Hinterland in den Fluss als Vorfluter berechnet. Im Rahmen der instationären Betrachtung erfolgt eine entsprechende Berücksichtigung im Bewertungsmodul, wodurch einem möglichen Grundwasseraufstau auf der dem Fluss abgewandten Seite der Spundwand Rechnung getragen wird.

4.8.4 Objektparameter

Wie bei den vorangegangenen Untersuchungen wird die vereinfachte Form der Spundwandtrasse zunächst durch ein einziges Segment *(1seg)* abgebildet. Zur verallgemeinerten Abbildung einer Spundwandtrasse wird darüber hinaus eine Untersuchung durch die Parametrisierung zweier Spundwandsegmente *(2seg)* mit drei Polygonpunkten und der Einbindetiefe verwendet. Auch die technische Umsetzung und Erweiterung auf die allgemeine Parametrisierung eines beliebigen Polygonzuges ist unter Verwendung einer entsprechend erhöhten Parameteranzahl problemlos möglich. Im Rahmen des generalisierten TESTMODELLS wird diese verallgemeinerte Parametrisierung jedoch nicht betrachtet, da kein wesentlicher Erkenntnisgewinn erfolgt. Der sich durch die erhöhte Anzahl an Parametern ergebende zeitliche Aufwand spielt bei der Beurteilung der Automatischen Optimierung und ihrer Einordnung in den aktuellen Stand der Technik hingegen sehr wohl eine Rolle. Diese Problematik wird eingehend in Kapitel 6 diskutiert.

4.8.5 Bewertung und Risikoanalyse

Als Hochwasserschadensfunktion wird der empirische Zusammenhang nach Abbildung 4.17 verwendet. Auch die angenommene Anzahl an Wohnhäusern je Knoten von 1 und der Faktor zur Berücksichtigung von Infrastruktur und Folgeschäden von fünf wird aus den vorangegangenen Untersuchungen des Kapitels 4.7 übernommen.

Unter Berücksichtigung des gesamten Hochwasserspektrums beim Ansatz der Randbedingungen am Gewässer und in den jeweils überfluteten Bereichen erfolgt eine entsprechend vollständige Risikoanalyse. Belegt mit ihren Einzelwahrscheinlichkeiten werden aus jedem diskreten Hochwasserszenario – in diesem Fall für die Jährlichkeiten *2, 5, 10, 20, 50, 100, 200, 500* und *1000* Jahren (nach GOCHT, 2003) – die Auswirkungen auf die Grundwasserstände im Siedlungsgebiet numerisch bestimmt und durch Schadensfunktionen bewertet. Aus den daraus ermittelten „Einzelrisiken" wird das Gesamtrisiko abgeschätzt, welches zusammen mit den Kosten für die Hochwasserschutzmaßnahme als zu minimierende Größe in den Optimierungsalgorithmus eingeht (vgl. Kap. 3.5). Je höher die Auflösung des Risikospektrums, d.h. je größer die Anzahl der bestimmten „Einzelrisiken", desto genauer wird der Schätzwert des Gesamtrisikos. Dies geht entsprechend auf Kosten der Rechenzeit, da mit jeder Berechnung eines „Einzelrisikos" das numerische Modell vollständig simuliert wird. Auf der Einwirkungsseite werden die Hochwasserereignisse nach Abbildung 3.10 angesetzt. Die maximalen Hochwasserscheitel und die zugeordneten diskreten Klassenweiten Δ_K (Gleichung (10)) sind in Tabelle 3 zusammengefasst.

Tabelle 3: Diskrete Kenngrößen zur Risikoermittlung (vgl. Abbildung 3.10)

Jährlichkeit [-]	**Max. Scheitelhöhe** [m]	**Klassenweite Δ_K** [a]
2	7.67	2.5
5	8.64	4
10	9.29	7.5
20	9.90	20
50	10.70	40
100	11.30	75
200	11.90	200
500	12.69	400
1000	13.28	250

Mit Hilfe dieser Kenngrößen der diskreten Hochwasserereignisse errechnet sich das Gesamtrisiko gemäß Kapitel 3.5 (vgl. Gleichung (9).

Die Kosten für die Hochwasserschutzmaßnahme (Deich und Spundwand) werden wiederum in Anlehnung an Erfahrungswerte und Aufbauend auf die Annahmen bei den Untersuchungen des Kapitels 4.6, wo explizit nur die Spundwandkosten I_{Spw} angesetzt werden, angenommen und erweitert. Die Investitionskosten für den Deich I_D werden hier explizit mit *4000 €* pro laufenden Meter (*l*) Deichlinie angenommen. Die Annahme von jährlichen Kosten für die Wartung W_a wird mit *1000 €* pro Deichkilometer berücksichtigt. Zur Berechnung der jährlichen Kosten für die Maßnahme werden die Investitionskosten mit dem Kapitalrückflussfaktor F_{KR} nach Gleichung (12) multipliziert. Dieser ergibt sich unter Berücksichtigung eines angenommenen Zinssatzes von *8%* und einer Lebensdauer von *50* Jahren zu $F_{KR} = 0.082$. Die jährlichen Kosten für die Hochwasserschutzmaßnahme I_a errechnen sich damit nach folgender Gleichung (21).

$$I_a = (I_{Spw} + I_D) \cdot F_{KR} + W_a = \left(100 \frac{Euro}{m^2} \cdot (spwh + \frac{z^2}{25m}) \cdot L + 4000 \frac{Euro}{m} \cdot L \right) \cdot 0,082 + 1 \frac{Euro}{m} \cdot L \quad (21)$$

4.8.6 Ergebnisse

Im Folgenden werden die Ergebnisse der automatischen Optimierung mit vollständiger Risikoanalyse vorgestellt. Dabei werden die Darstellungen für die Parametrisierung eines *(1seg)* und zweier *(2seg)* Spundwandsegmente gegenübergestellt. Neben grundlegenden Erkenntnissen aus dem jeweiligen Optimierungsverlauf werden insbesondere die Simulationen der Variante ohne Maßnahme *(Nullvariante)* mit denen der optimierten Variante verglichen. Dabei wird besonders auf die Ergebnisse der Risikoanalyse eingegangen.

Abbildung 4.24 zeigt die Entwicklung der berechneten Schäden für einzelne Hochwasserereignisse im Verlauf der Optimierung. Es sind nur die Optimierungsvarianten berücksichtigt, die mit einer Verbesserung der Zielgröße „Gesamtkosten pro Jahr" einhergehen (Verbesserungsstufen). Dadurch lässt sich das Konvergenzverhalten der automatischen Optimierung veranschaulichen. Die Parametervariante *(1seg)* konvergiert bereits nach insgesamt *903* Optimierungsschleifen bei *16* Verbesserungsstufen. Mit der Parametrisierung *(2seg)* werden *2293* Optimierungsschleifen und *45* Verbesserungsstufen benötigt. Auch dies bestätigt die in Kapitel 4.7 gefundene Aussage, dass eine größere Anzahl an Objektparametern die Laufzeit der Optimierung deutlich verlängert.

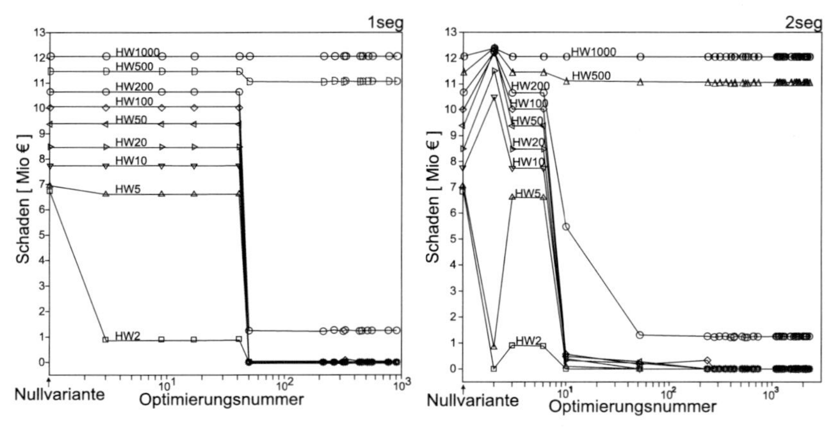

Abbildung 4.24: Schäden durch einzelne Hochwasserereignisse im Optimierungsverlauf

Im Fall *(1seg)* geht eine Verbesserung der Zielgröße stets mit einer Minimierung der Schäden bei allen betrachteten Hochwasserereignissen einher. Bei der Parametrisierung mit zwei Segmenten gibt es vereinzelt Abweichungen von diesem Zusammenhang, die auf die höhere Komplexität des Parametersatzes zurückzuführen ist, der entsprechend vielfältigere Varianten der Hochwasserschutzmaβnahme zulässt und einen diffizileren Einfluss auf einzelne Hochwässer (HW) bewirkt. Da sich die Zielgröβe letztlich aus den Schäden der einzelnen Hochwasserereignisse berechnet, wird ggf. ein Anstieg des Schadens bei einzelnen Hochwässern durch entsprechende Schadensminderung bei anderen Hochwasserereignissen ausgeglichen (vgl. Abbildung 4.24).

Ziel der Optimierung ist die Minimierung der Gesamtkosten. Dabei wird der Zielwert so formuliert, dass die Summe der Kosten der Hochwasserschutzmaβnahme und der Kosten für die zu erwartenden Schäden ein Minimum erreicht. Abbildung 4.25 stellt die Verminderung der jährlichen Gesamtkosten in den Verbesserungsstufen des Optimierungsverlaufs bis zum Erreichen der optimierten Lösung dar. Die Summe der jährlichen Hochwasserschäden bzw. des Hochwasserrisikos und der Spundwandkosten, die sich aus der entsprechenden Variante der Baumaßnahme errechnet, erreicht dabei Ihr Minimum.

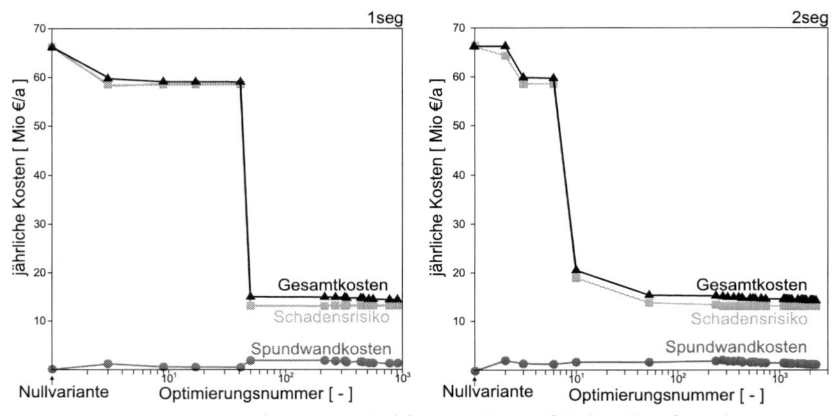

Abbildung 4.25: Jährliche Kosten im Optimierungsverlauf: Spundwandkosten – Schadensrisiko – Gesamtkosten

In Anlehnung an die schematische Abbildung der jährlichen Kosten in Abhängigkeit der Projektgröβe (Abbildung 3.11) lässt sich der Verlauf der Optimierung der Gesamtkosten in Abhängigkeit der Spundwandfläche darstellen. Abbildung 4.26 zeigt das entsprechende Ergebnis für die Parametrisierungen (*1seg*) und (*2seg*). Dabei werden nicht nur die Verbesserungsstufen der Optimierung, sondern sämtliche Optimierungsvarianten in die Auswertung einbezogen, um die Abhängigkeiten vollständig zu bewerten. Die Ausgleichenden Kurven der jeweiligen Kosten verlaufen in der erwarteten Tendenz: Mit zunehmender Projektgröße (Spundwandfläche) steigen die Spundwandkosten kontinuierlich bei gleichzeitig fallenden Kosten der zu erwartenden Schäden. Das jeweilige Optimum verweist auf das Minimum der Gesamtkosten; es repräsentiert jedoch nicht das absolute Maximum an Sicherheit (vgl. Abschnitt 3.5.3): Ausgehend von der Projektgröße beim Optimum reduziert sich das Schadensrisiko bei zusätzlicher Steigerung der Projektgröße weiter, jedoch nur um ein Maß, das von der entsprechenden Erhöhung der Projektkosten übertroffen wird. Somit erhöhen sich die Gesamtkosten.

Die Vielzahl der Abweichungen von den ausgleichenden Kurven ist mit der nicht ausschließlichen Abhängigkeit der Kosten von der Projektgröße zu begründen. Der von der Projektgröße unabhängige Trassenverlauf der Hochwasserschutzmaßnahme hat einen entscheidenden Einfluss, so dass diese ggf. sogar die hydraulische Situation verschlechtern und die Gesamtkosten in die Höhe treiben kann.

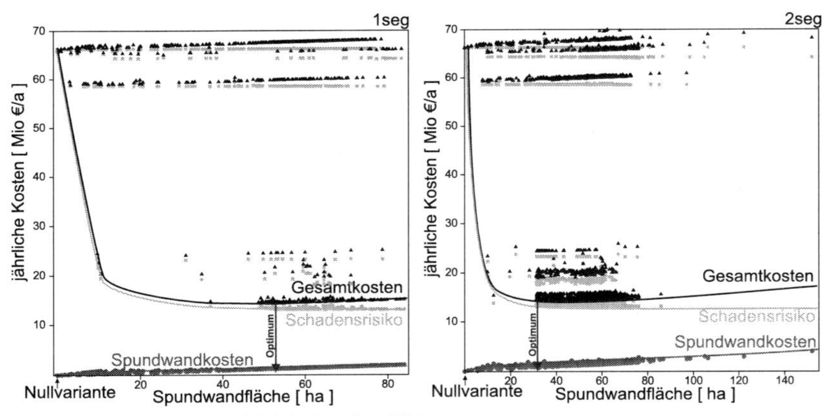

Abbildung 4.26: Kosten in Abhängigkeit der Spundwandfläche

Auffällig in den Darstellungen der Abbildung 4.26 sind die abweichenden Spundwandflächen bei Erreichen des Optimums für die Parametrisierungen (*1seg*) und (*2seg*). Die optimale Spundwandfläche bei (*1seg*) ist mit etwa *52,5 ha* deutlich größer als im Fall (*2seg*) mit etwa *31,6 ha*. Bei Betrachtung der zugehörigen Lösungen der Baumaßnahme und insbesondere des Höhenprofils des Spundwandverlaufs wird dieser Unterschied erklärt. Durch die Parametrisierung von drei Stützstellen und damit von zwei Segmenten (*2seg*) mit jeweils zugehöriger Einbindetiefe der Spundwand erhöhen sich die Freiheitsgrade der möglichen Variantenfindung im Vergleich zur Parametrisierung mit nur einem Spundwandsegment (*1seg*). Abbildung 4.27 stellt die optimierte Spundwandvariante in der Draufsicht dar. Anfangs (*P1*) und Endpunkt (*P2*) sind mit Ihren Koordinaten angegeben die sich aus der Anwendung der Schlüsselzuordnung nach Abbildung 4.15 aus den normierten Optimierungsparametern ergeben. Ebenfalls dargestellt sind die zugehörigen Modellknoten der Spundwandelemente. Die unterschiedlichen Varianten der Hochwasserschutzmaßnahme für die Verbesserungsstufen der Optimierung sind im Suchbereich angedeutet.

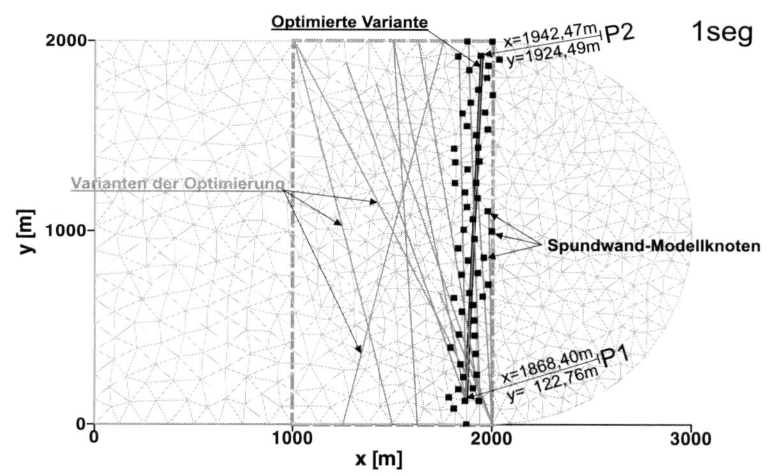

*Abbildung 4.27: Spundwandverlauf der optimierten Variante (*1seg*)*

Abbildung 4.28 zeigt im Vergleich dazu die Optimierungsvarianten für die (*2seg*) – Parametrisierung. Nahezu wurde hier der gleiche Trassenverlauf als optimale Lösung gefunden, wie für die (*1seg*) – Parametrisierung. Der Unterschied liegt in einem weiteren Parameterpunkt, im mittleren Bereich der Spundwandtrasse und dadurch einer Aufteilung des Spundwandverlaufes und der Einbindetiefe in zwei Segmente.

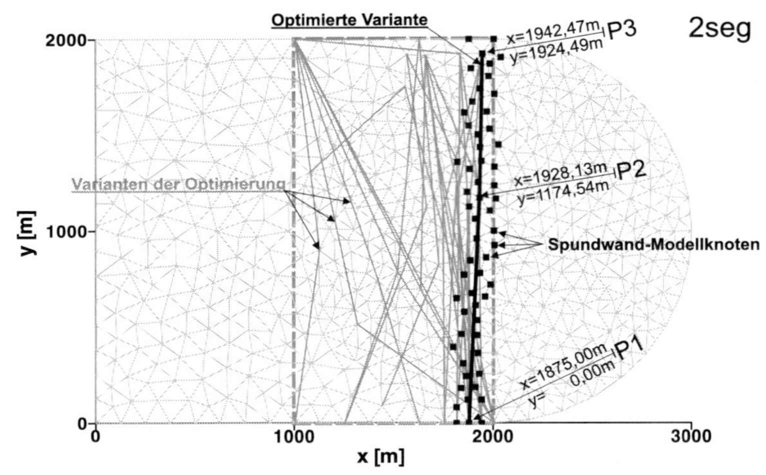

Abbildung 4.28: Spundwandverlauf der optimierten Variante (2seg)

Die Ansicht der Spundwandlösungen mit Blick in negativer x-Richtung (Abbildung 4.29) zeigt die wesentliche Diskrepanz der beiden optimierten Lösungen für die Hochwasserschutzmaßnahme. Die Möglichkeit der Segmentweisen Zuordnung eines zweiten Optimierungsparameters für die Tiefe hat im Fall (*2seg*) für eine aufgeteilte Einbindetiefe gesorgt. Dadurch konnte die erforderliche Spundwandfläche für die optimierte Lösung deutlich reduziert werden (vgl. Abbildung 4.26).

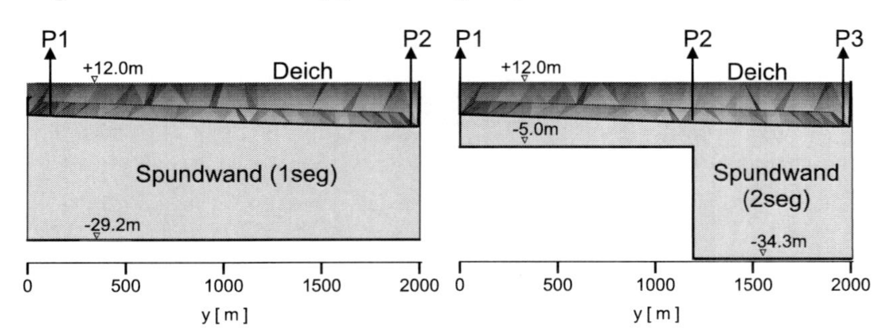

Abbildung 4.29: Ansicht der optimierten Spundwandlösungen (links: 1seg; rechts: 2seg)

Der Quotient aus Nutzen und Kosten ist in Abbildung 4.30 für die einzelnen Verbesserungsstufen der Optimierung dargestellt. Der Nutzen berechnet sich dabei aus dem reduzierten Schadensrisiko bei Vergleich der optimalen Variante mit der Variante ohne Maßnahme (*Nullvariante*).

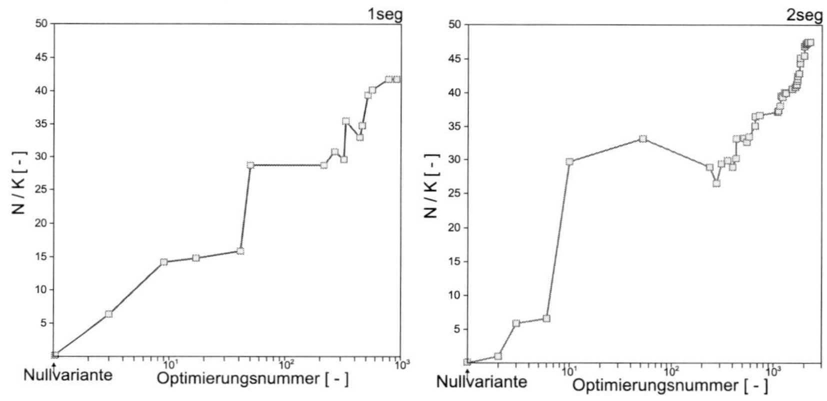

Abbildung 4.30: Nutzen/Kosten Faktor im Optimierungsverlauf

Die Kosten werden mit den jährlichen Kosten für den Bau der Hochwasserschutzmaßnahme (Spundwandkosten pro Jahr) gleich gesetzt. Für die Parametrisierung (*1seg*) ergibt sich der Nutzen/Kosten Faktor zu *41.8* und für (*2seg*) zu *47.5*. Die Investitionskosten in die Schutzmaßnahme rentieren sich im vorliegenden Beispiel mit dem TESTMODELL vielfach.

Im Folgenden erfolgt der Vergleich zwischen der Variantenberechnung der Ausgangssituation ohne Spundwand und ohne Deich (*Nullvariante*) mit der automatisch optimierten Variante, jeweils für die Parametrisierung mit einem Spundwandsegment (*1seg*) bzw. zwei Spundwandsegmenten (*2seg*). Die Erreichung des Optimums geht im Rahmen der Risikobetrachtung in der Regel nicht mit einem absoluten Maximum an Sicherheit einher. Abbildung 4.31 und Abbildung 4.32 verdeutlichen diesen Sachverhalt durch die Darstellung von Schäden und reduzierten Schäden bzw. Risiken und reduzierten Risiken der einzelnen Hochwasserereignisse.

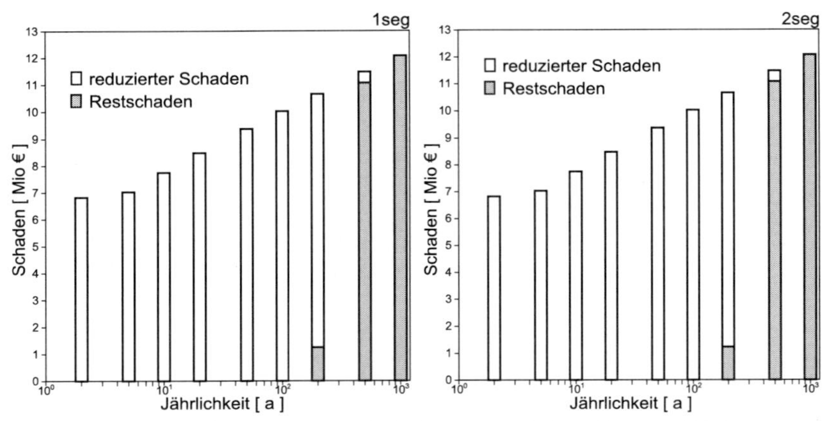

Abbildung 4.31: Reduzierter Schaden und Restschaden bei Hochwasserereignissen diskreter Jährlichkeit

Die optimierte Variante birgt ein Restrisiko. Im Wesentlichen ist die vorliegende Risikominderung darauf angelegt, dass für Hochwasserereignisse bis zu einer Jährlichkeit von einschließlich *100* (Bemessungshochwasser) ein Höchstmass an Sicherheit erreicht wird. Beide Varianten (*1seg* und *2seg*) zeigen, ausgehend vom gleichen Ausgangsrisiko der *Nullvariante*, eine nahezu gleiche Schadensreduktion und damit vergleichbar hohe Restschäden. Dies liegt zum einen daran, dass die „Einzelrisiken" bis zum Bemessungshochwasser mit beiden Varianten ausgeschlossen werden.

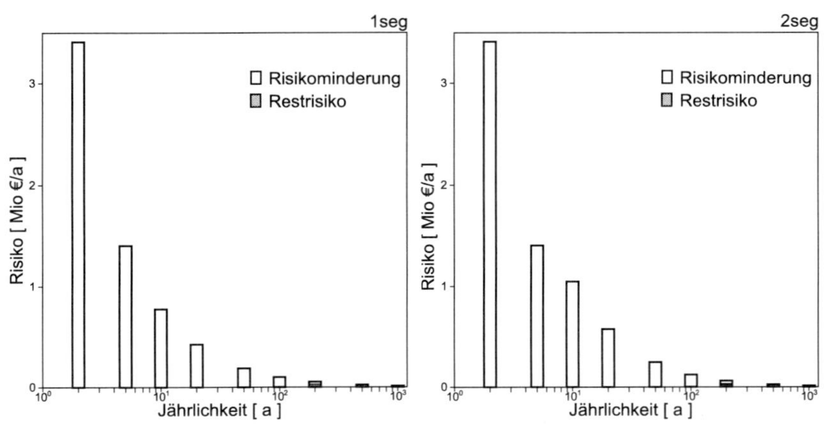

Abbildung 4.32: Reduziertes Risiko und Restrisiko von Hochwasserereignissen diskreter Jährlichkeit

Zum anderen wird in den das Bemessungshochwasser übersteigenden Lastfällen die jeweilige Spundwand überströmt, so dass mit Überschwemmungsschäden durch direktes Hochwasser und dem damit einhergehenden starken Grundwasseranstieg gerechnet werden muss. Aufgrund der Ähnlichkeit der Varianten (*1seg*) und (*2seg*), insbesondere in der Höhe und im Verlauf des Deiches, werden nahezu die gleichen Überschwemmungsflächen im Hinterland als Randbedingungen für die Berechnung ermittelt, so dass die Unterschiede in der Risiko- und Schadensbetrachtung gering bleiben.

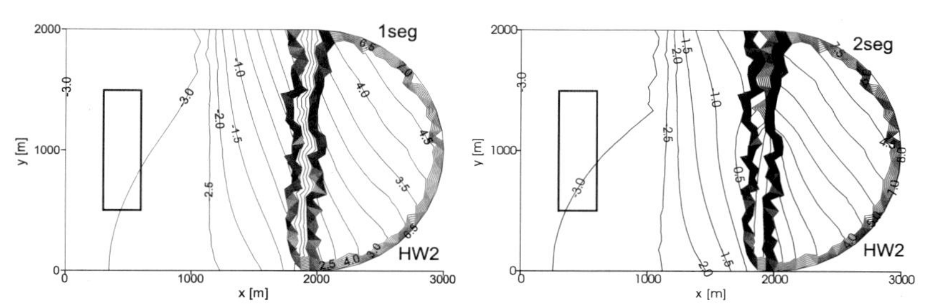

Abbildung 4.33: negative minimale Flurabstände [m] für die Parametrisierungen 1seg *(links) und* 2seg *(rechts) bei zweijährlichem Hochwasser (*HW2*)*

In Abbildung 4.33 bis Abbildung 4.41 sind die minimalen Flurabstände – Differenz zwischen Geländeoberkante und Grundwasserstand - für die verwendeten Parametrisierungen mit einem Spundwandsegment (*1seg*) und zwei Spundwandsegmenten (*2seg*) jeweils für die optimierte Lösung dargestellt. Zur Verdeutlichung der relativen Lage der Grundwasserstände im Vergleich zur Geländeoberkante sind die Flurabstände entsprechend mit einem negativen Vorzeichen versehen: Ein negatives Vorzeichen bedeutet somit einen Grundwasserstand unterhalb der Geländeoberkante.

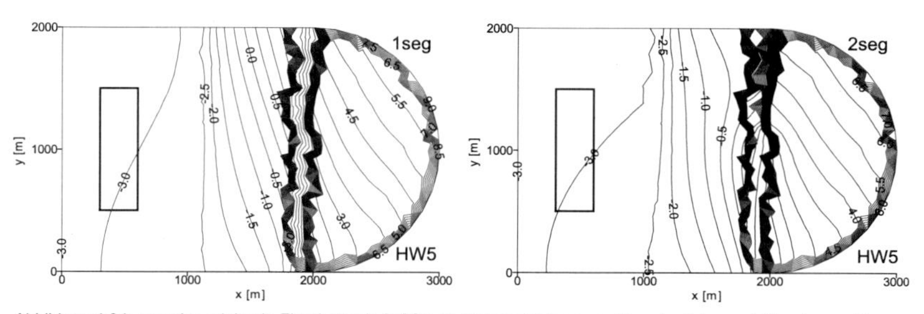

*Abbildung 4.34: negative minimale Flurabstände [m] für die Parametrisierungen (*1seg*) – links und (*2seg*) – rechts bei fünfjährlichem Hochwasser (*HW5*)*

Die Abbildungen sind für die diskreten Hochwasserstände des Flusses und die zugehörigen berechneten Überschwemmungsflächen mit Jährlichkeiten von zwei (*HW2*) bis eintausend (*HW1000*) Jahren dargestellt (vgl. Abbildung 4.22). Die Darstellungen bilden die Flurabstände zum Zeitpunkt des maximal auftretenden Hochwasserscheitels ab, weil in der Regel auch dann die höchsten Grundwasserstände berechnet werden. Treten die Maximalwasserstände zu anderen Zeitpunkten als dem hier dargestellten auf, so werden diese im Rahmen der instationären Optimierung im Bewertungsmodul berücksichtigt. In die Schadensfunktion gehen die über alle Berechnungszeitpunkte und an jedem Siedlungsknoten auftretenden maximalen Grundwasserstände ein.

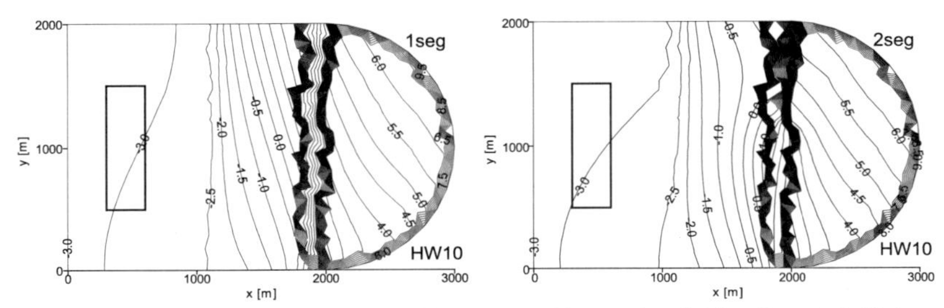

Abbildung 4.35: negative minimale Flurabstände [m] für die Parametrisierungen 1seg *(links) und* 2seg *(rechts) bei zehnjährlichem Hochwasser (*HW10*)*

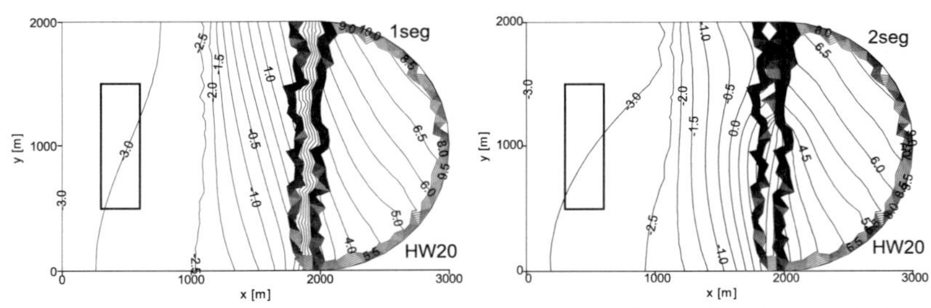

Abbildung 4.36: negative minimale Flurabstände [m] für die Parametrisierungen 1seg *(links) und* 2seg *(rechts) bei zwanzigjährlichem Hochwasser (*HW20*)*

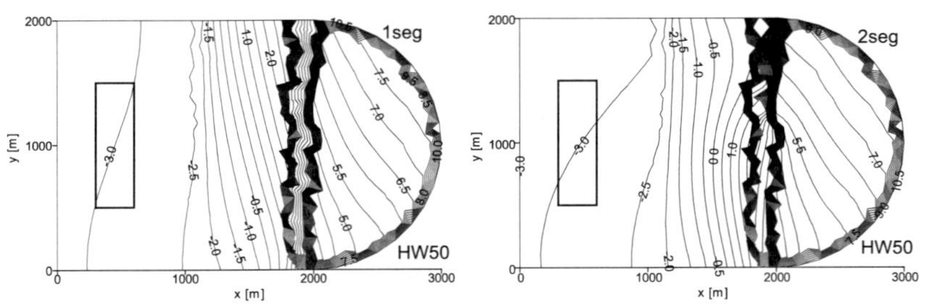

Abbildung 4.37: negative minimale Flurabstände [m] für die Parametrisierungen 1seg *(links) und* 2seg *(rechts) bei fünfzigjährlichem Hochwasser (*HW50*)*

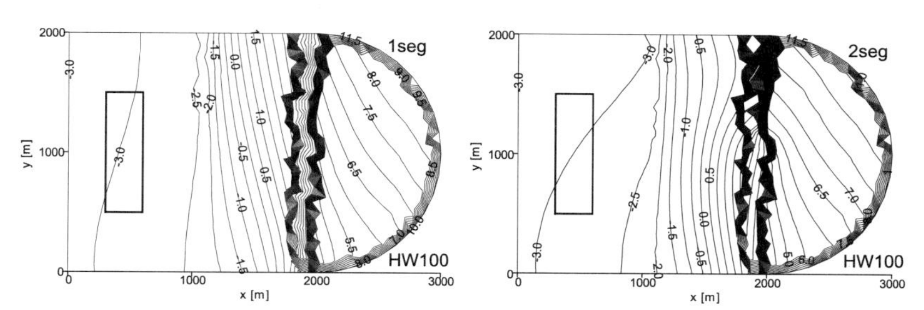

Abbildung 4.38: negative minimale Flurabstände [m] für die Parametrisierungen 1seg *(links) und* 2seg *(rechts) bei hundertjährlichem Hochwasser (*HW100*)*

Mit zunehmender Jährlichkeit des angesetzten Hochwasserereignisses steigen die maximalen Wasserstände insbesondere im für die Bewertung relevanten Siedlungsgebiet. Bis zu einem Hochwasserereignis mit einer Jährlichkeit von einschließlich *100* bleiben die Grundwasserstände mit mittleren Flurabständen von etwa *3 m* deutlich unterhalb der Geländeoberkante. Erst ein das Bemessungshochwasser (*HW100*) übersteigendes Ereignis verursacht Flurabstände, die kleiner als *2.5 m* sind, und damit die Keller im Siedlungsgebiet gefährden. Diese Erkenntnis bestätigt die Aussagen im Rahmen der vorangegangenen Risikoanalyse, bei der erst ein solches Ereignis ein Restrisiko bewirkt.

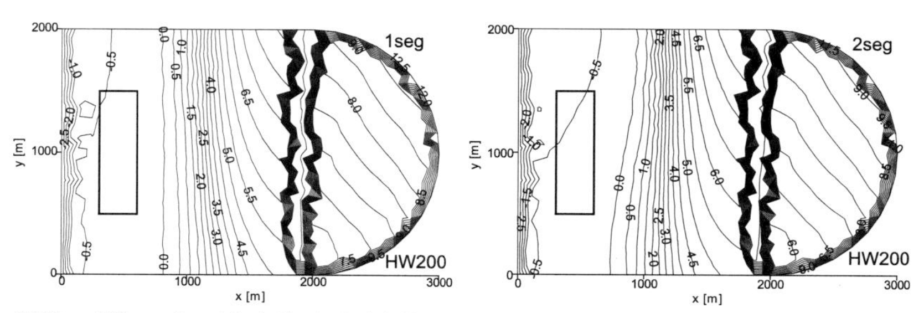

Abbildung 4.39: negative minimale Flurabstände [m] für die Parametrisierungen 1seg *(links) und* 2seg *(rechts) bei zweihundertjährlichem Hochwasser (*HW200*)*

Im Vergleich der Parametrisierungen (*1seg*) und (*2seg*) zeigen sich im Endergebnis der Optimierung nur geringe Unterschiede. Geringe Abweichungen in den Darstellungen der Flurabstände zeigen sich vor Allem im Nahbereich der Spundwand, wo sich die Unterschiede im Spundwandverlauf und der zugehörigen Einbindetiefe zeigen.

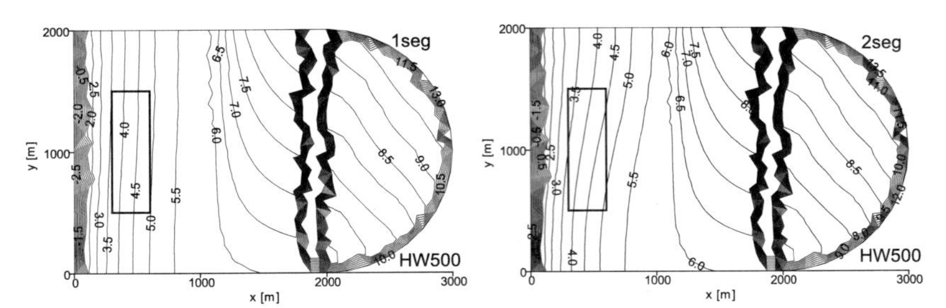

Abbildung 4.40: negative minimale Flurabstände [m] für die Parametrisierungen 1seg *(links) und* 2seg *(rechts) bei fünfhundertjährlichem Hochwasser (*HW500*)*

In den Darstellungen bis zu einer Jährlichkeit des Hochwasserereignisses von *100* Jahren (Abbildung 4.33 bis Abbildung 4.38) zeigen sich bei der Parametrisierung (*2seg*) entsprechende segmentweise Untergliederungungen des Strömungsbildes entlang des Trassenverlaufes der Spundwand.

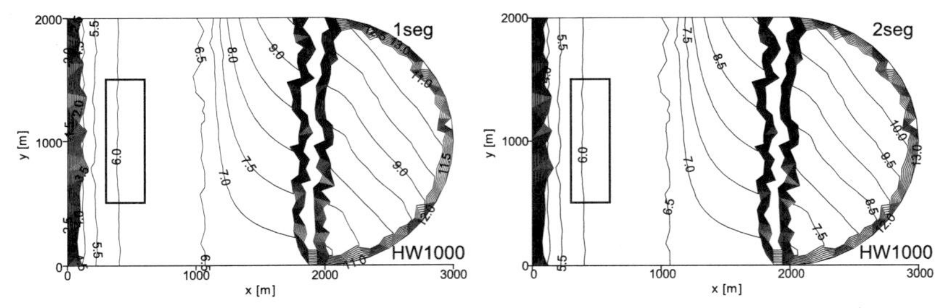

Abbildung 4.41: negative minimale Flurabstände [m] für die Parametrisierungen 1seg *(links) und* 2seg *(rechts) bei tausendjährlichem Hochwasser (*HW1000*)*

Im Bereich des Segmentes zwischen *P1* und *P2* (vgl. Abbildung 4.28 bzw. Abbildung 4.29), wo die Einbindetiefe lediglich etwa *5 m* beträgt, stehen die Flurabstandsgleichen nahezu parallel zum Spundwandverlauf, was eine deutliche Unterströmung der Spundwand widerspiegelt. Im zweiten Segmentbereich zwischen *P2* und *P3*, in dem die Spundwand deutlich tiefer in den Aquifer einbindet, stellen sich die Isolinien in einem steileren Winkel zur Spundwand, genauso wie im Bereich der gesamten Spundwandtrasse im Fall (*1seg*). Dies deutet auf die höhere Dichtigkeit und die geringere Durch- bzw. Unterströmung der Spundwand hin.

5 Anwendungsbeispiel Weißer Bogen Köln

5.1 Überblick

Im Anwendungsbeispiel werden weitere Möglichkeiten und Grenzen der in den vorangegangenen Kapiteln beschriebenen automatischen Optimierung und Risikoanalyse aufgezeigt. Dabei werden auch Aspekte der Wirtschaftlichkeit der Methode hervorgehoben.

5.2 Gegebene Untersuchung „Weißer Bogen"

Im Folgenden wird eine kurze Zusammenfassung der Ergebnisse des Gutachtens nach KÖNGETER ET AL. (2002) gegeben. Sie befassen sich mit der Hochwasserschutzproblematik im Modellgebiet des Anwendungsbeispiels *Weißer Bogen Köln*, indem die grundwasserhydraulische Situation im numerischen Modell zur Beurteilung einer Deichvariante mit einer ins Grundwasser einbindenden Spundwand berechnet und beurteilt wird. Das Projekt ist im Rahmen eines Planfeststellungsverfahrens zur Genehmigung der Hochwasserschutzanlage im Auftrag der Bezirksregierung Köln durchgeführt worden. Es sind Bemessungshochwässer mit einem Wiederkehrintervall von 100 Jahren berücksichtigt worden. Das Ergebnis jener wissenschaftlichen Modelluntersuchungen wird im Folgenden zusammengefasst:

- Durch die geplante Hochwasserschutzmaßnahme treten aufgrund kleinerer Überschwemmungsgebiete großflächig niedrigere Grundwasserstände auf.
- Im Niedrigwasserfall gibt es kaum eine Beeinflussung durch die Spundwand.
- Im Hochwasserfall bei Grundwasserzulauf sind mit der Hochwasserschutzmaßnahme landseitig geringere Wasserstände zu verzeichnen.
- Im Hochwasserfall bei ablaufendem Wasser erfolgt zwar landseitig ein Aufstau mit Spundwand; der Wasserstand geht jedoch nicht über das schon erreichte Maximum hinaus; der Ablauf wird lediglich zeitlich verzögert.

- Insgesamt zeigen die Untersuchungen im Bereich Weißer Bogen, dass durch die geplante Spundwand nicht mit negativen Beeinträchtigungen der Grundwassersituation zu rechnen ist.

Deich- und Spundwandtrasse sind bereits im Vorfeld der Untersuchungen nach vom Auftraggeber festgelegt. Auch die Einbindetiefen der Spundwand sind aus statischen Gründen zur Stabilisierung des Deiches Vorgaben für jene Untersuchungen.

5.3 Erweiterung „Weißer Bogen“

Im Rahmen der automatischen Optimierung des Anwendungsbeispiels *Weißer Bogen*, wird in diesem Kapitel die Einbindetiefe der Spundwand auch aus hydraulischer Sicht optimiert und in eine Risikoanalyse integriert. Die Trasse der Hochwasserschutzmaßnahme wird als gegeben vorausgesetzt. Zur Risikoanalyse werden Wiederkehrintervalle des Hochwassers bis zu 1000 Jahren berücksichtigt.

Abbildung 5.1 gibt den topographischen Überblick über das Modellgebiet. Es befindet sich im Südosten der Niederrheinischen Bucht in der Köln-Bonner Rheinebene, südlich der Stadt Köln. Mit einer maximalen Ost-Westausdehnung von *10 km* und einer Nord-Südausdehnung von *8 km* erstreckt sich das Modellgebiet auf *51 qkm*.

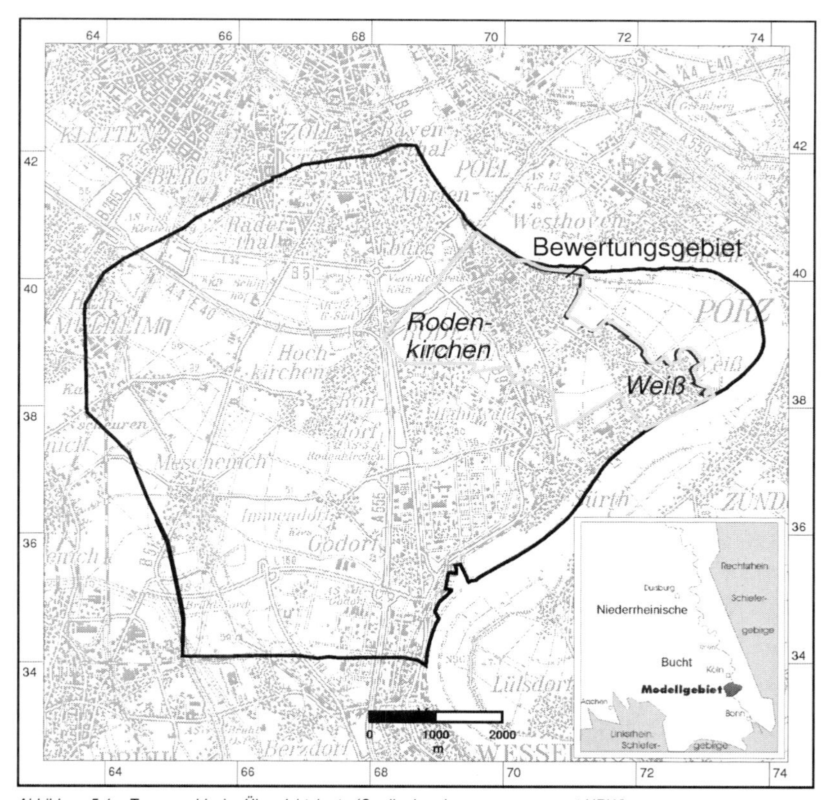

Abbildung 5.1: Topographische Übersichtskarte (Quelle: Landesvermessungsamt NRW)

Die wesentlichen Grundlagen, die zur Einbindung in das numerische Modell verwendet werden, sind in den Folgenden Abschnitten erläutert.

5.4 Modellgrundlagen

Die Niederrheinische Bucht ist die grundwasserreichste Region Nordrhein-Westfalens. Sie ist aus bis zu *1000 m* mächtigen Lockersedimenten aufgebaut. Das Sedimentpaket ist durch einen Wechsel von wasserdurchlässigen und wasserstauenden Schichten in zahlreiche Grundwasserstockwerke unterteilt. In den Schichten der Kölner Scholle bildeten sich ein bis fünf Grundwasserstockwerke aus, jedoch ist im Rheintal nur das oberste Stockwerk wasserwirtschaftlich bedeutsam. Es wird im Modellgebiet ausschließlich aus den Sanden und Kiesen der pleistozänen Flussablagerungen aufgebaut.

Die Mächtigkeit des Leiters liegt zwischen *10 m* und *40 m*. Die Basis der Terrassensedimente bilden tertiäre Feinsande, die im Süden von Köln durch Tonhorizonte in mehrere Grundwasserstockwerke aufgegliedert sind.

Im Rahmen der automatischen Optimierung mit dem Anwendungsbeispiel *Weißer Bogen* wird das quasi-3D-Modellprinzip gemäß Kapitel 4.4 verwendet. Dies macht eine großflächige Beurteilung der Grundwassersituation wie mit dem von KÖNGETER ET AL. (2002) verwendeten 2D-Horizontalmodell möglich. Der Vergleich der Berechnungsergebnisse beider Modelle validiert das beschriebene quasi 3D Modellprinzip: Die Grundwasserstände des 2D-Horizontalmodells in Abbildung 5.2 stimmen mit denen in Abbildung 5.3 überein.

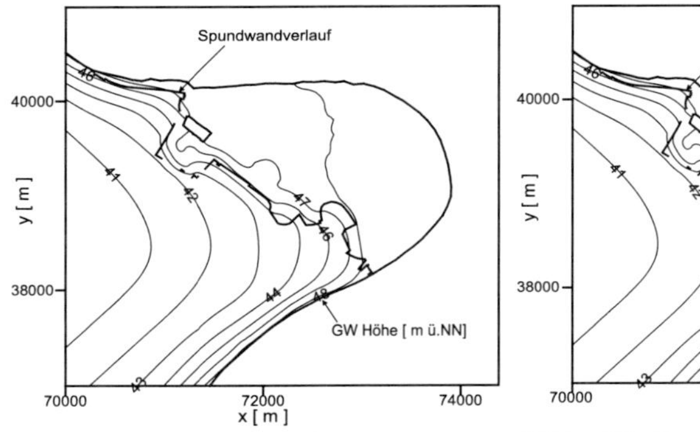

Abbildung 5.2: Grundwasserstände zum Zeitpunkt des Hochwasserscheitels (nach KÖNGETER ET AL.., 2002)

Abbildung 5.3: Grundwasserstände zum Zeitpunkt des Hochwasserscheitels (Modell nach Kap. 4.4)

Abbildung 5.4 bildet die Differenz der Ergebnisse aus beiden Modellberechnungen zum Zeitpunkt des maximalen Hochwasserscheitels. Unterschiede in den Berechnungsergebnissen treten nur im Nahbereich der Spundwand auf.

Das Modellprinzip nach Kapitel 4.4 berücksichtigt durch seine quasi dreidimensionale Diskretisierung zusätzlich die Wirkung der Spundwand im Nahbereich. Abbildung 5.4 verdeutlicht, dass damit zu Zeitpunkten des Grundwasserzulaufs landseitig niedrigere und rheinseitig höhere Grundwasserstände berechnet werden. Diesem Effekt wird in der Studie von KÖNGETER ET AL. (2002) durch die Untersuchung an zusätzlichen Vertikalschnittmodellen Rechnung getragen.

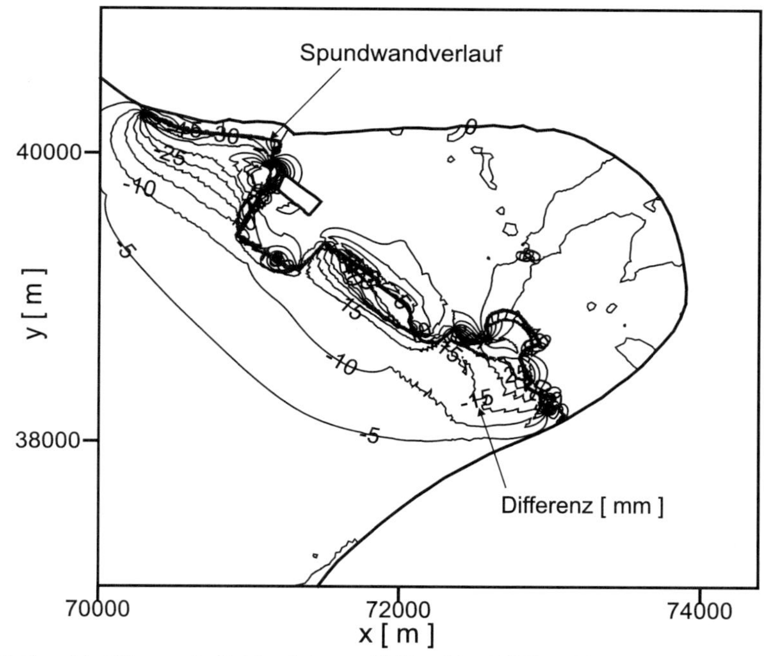

Abbildung 5.4: Differenzen der Modellergebnisse aus Abbildung 5.3 und Abbildung 5.2

Im Rahmen der vorliegenden automatischen Optimierung wird ausschließlich das Modellprinzip nach Kapitel 4.4 verwendet, da es für die weiträumige Beurteilung der Grundwassersituation geeignet ist und zusätzlich die hydraulische Wirkung im Nahbereich der Spundwand berücksichtigt.

5.5 Modellaufbau

5.5.1 Finite Elemente Diskretisierung

Für das Modellgebiet *Weißer Bogen* wird ein unstrukturiertes Gitter aus Dreieckselementen generiert. Die Netzknoten werden direkt auf die Gebietsumrandung gesetzt und die Elemente werden nach ZIELKE (1999) bereichsweise verfeinert. Im Aussagegebiet nahe der Spundwand, ist die Elementdichte besonders hoch (vgl. Tabelle 4). Im Nahbereich von etwa *25 m* um die Spundwand haben die Elemente eine Kantenlänge von etwa *10 m*. Die Netzdichte nimmt mit zunehmender Entfernung von der Spundwand ab.

Tabelle 4: Elementgröße im Bereich der Spundwand

Entfernung von der Spundwand [m]	Kantenlänge der Elemente (ca.) [m]	Fläche der Elemente (ca.) [m^2]
0-20	10	50
25-100	15	100
100-500	30	400
500-700	37	600
700-1500	43	800

Im übrigen Modellgebiet sind die Elementgrößen ebenfalls abgestuft. Da der Rhein im Aussagegebiet die maßgebliche Einflussgröße für das Grundwassergeschehen darstellt, wird die Dichte der Netzknoten mit zunehmender Entfernung zum Rhein gestaffelt (siehe Tabelle 5).

Tabelle 5: Elementgrößen im Modellgebiet

Entfernung vom Rhein [m]	Kantenlänge der Elemente (ca.) [m]	Fläche der Elemente (ca.) [m^2]
0-250	43	800
250-600	50	1200
600-1200	68	2000
1200-2000	150	10000
2000-4000	175	15000
4000-Westrand	200	20000

Abbildung 5.5 veranschaulicht die Diskretisierungsdichte im Nahbereich der Spundwand und die Abstufung der Netzverfeinerung.

Das Referenznetz des Modellgebietes *Weißer Bogen* besteht aus *30151* Knotenpunkten und *59480* Dreieckselementen. Im Rahmen der automatischen Optimierung und der quasi-dreidimensionalen Modellierung ergibt sich eine maximale Anzahl an Knotenpunkten von *33095* und eine maximale Anzahl an Dreieckselementen von *61063*. Die Anzahl von *2944* Stabelementen ist entsprechend des Verlaufs der Spundwand bzw. des Deiches gleich der Differenz zwischen maximaler Knotenanzahl und Knotenanzahl des Referenznetzes.

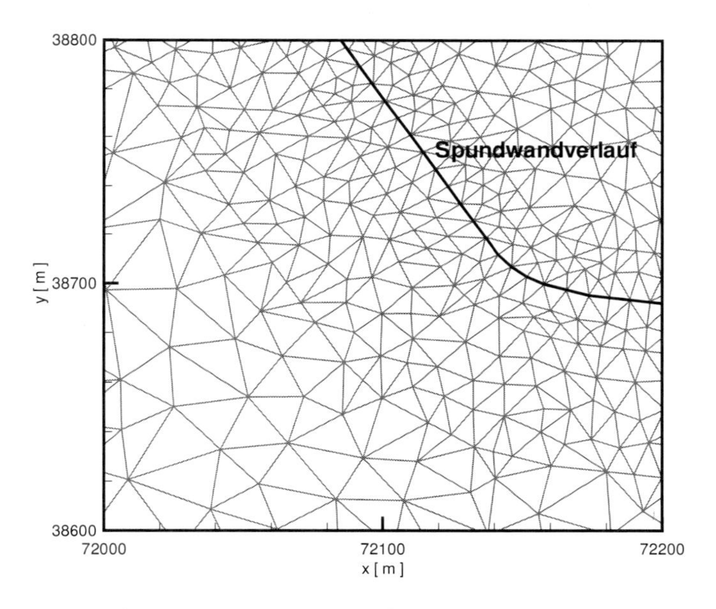

Abbildung 5.5: Diskretisierungsdichte im Nahbereich der Spundwand im Modellgebiet Weißer Bogen

Im Rahmen der automatischen Optimierung des Modellgebietes *Weißer Bogen* beschränkt sich die Problemstellung auf die Suche nach der optimalen Einbindetiefe der Spundwand. Die Spundwand- bzw. Deichtrasse wird bereits im Vorfeld der Untersuchungen von KÖNGETER ET AL. (2002) durch die Bezirksregierung Köln vorgeschlagen.

5.5.2 Numerisches Grundwasserströmungsmodell

Grundlage des numerischen Grundwasserströmungsmodells bildet die geologische und hydrologische Situation des Untersuchungsgebietes. Die Daten der geologischen Horizonte (z.B. Unterkante und Oberkante des Modellleiters) werden auf die Elementschwerpunkte interpoliert und so auf das FE-Modell übertragen. Der dadurch abgebildete Grundwasserleiter wird über die Festlegung von *kf*-Werten und Porositäten charakterisiert. Da die Durchlässigkeits- und Speichereigenschaften des Leiters nicht gleichmäßig über das Gebiet verteilt sind, werden Materialbereiche definiert, innerhalb derer die maßgeblichen Eigenschaften als homogen gelten.

Quartärbasis

Die Quartärbasis bildet die Untergrenze des im Modell betrachteten hydraulischen Systems. Abbildung 5.6 veranschaulicht die Höhenlage der Quartärbasis im Modellgebiet. Die Tiefenlage nimmt von Osten nach Westen hin ab. Im Osten liegen die Höhen zwischen *16 m* und *25 m* (ü.NN) und Richtung Westen steigt die Quartärbasis allmählich auf Höhen bis *32 m* (ü.NN) an und erreicht im äußersten Westen des Modellgebietes Höhen bis maximal *40 m* (ü.NN).

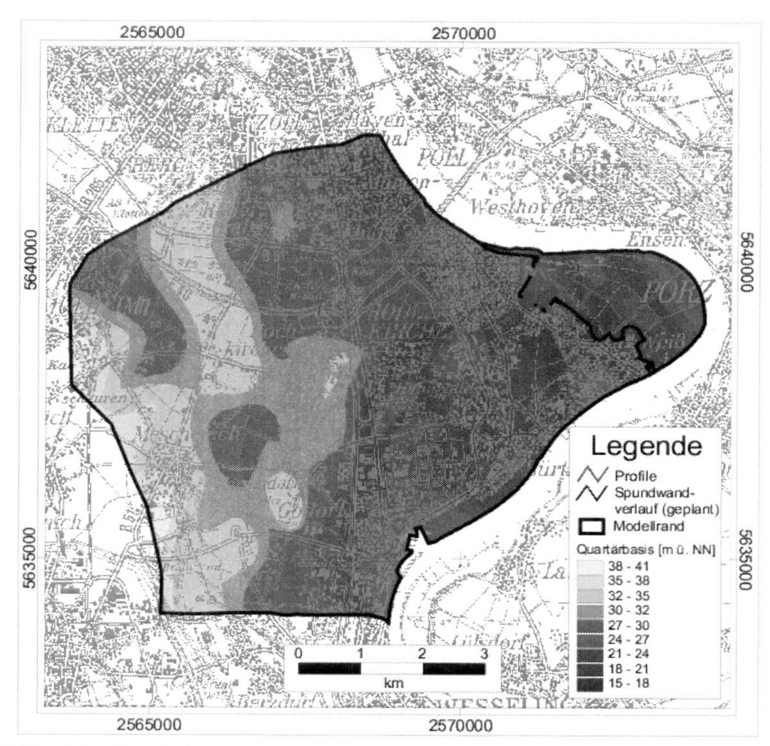

Abbildung 5.6: Höhen der Quartärbasis des Modellgebietes Weißer Bogen

Geländeoberkante

Die Höhendaten der Geländeoberkante (Abbildung 5.7) liegen im fünf mal fünf Meter Raster vor. Mit diesen Daten werden die potentiellen Überflutungsflächen bestimmt. Die Geländeoberkante bildet außerdem, abzüglich der Mächtigkeit der bindigen Deckschichten, die obere Begrenzung des numerischen Grundwassermodells.

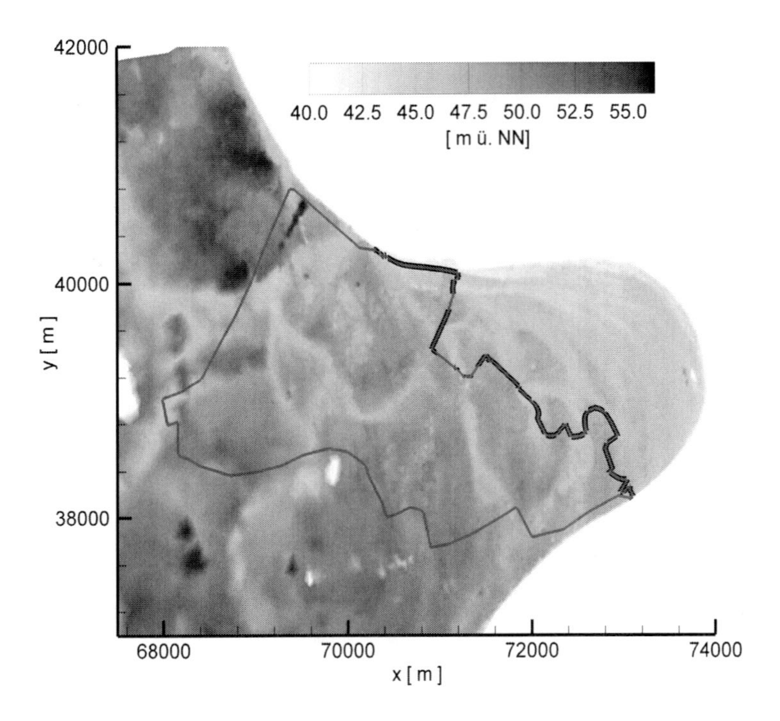

Abbildung 5.7: Höhenlage der Geländeoberkante im Bereich des Weißer Bogen

Deckschicht

Im Rahmen der vorliegenden Arbeit wird unter dem Begriff *Deckschicht* der Bereich oberhalb des Aquifers bezeichnet, der sich aus dem Boden, den Auenablagerungen und den darunter befindlichen, bindigen Schichten aufbaut. Die Durchlässigkeiten der Deckschichten bilden die Grundlage zur Beschreibung der LEAKAGE-Faktoren im Modell.

Den im Überflutungsbereich liegenden Netzknoten werden im Fall eines Hochwassers LEAKAGE-Randbedingungen zugewiesen (vgl. Abschnitt 5.6.1). Tabelle 6 und Abbildung 5.8 veranschaulichen die neun verschiedenen Bereiche der Deckschicht mit Durchlässigkeiten zwischen $1.1 \cdot 10^{-5}$ *m/s* und $3.4 \cdot 10^{-7}$ *m/s*.

Tabelle 6: Durchlässigkeitsklassen der Deckschicht

Durchlässigkeitsbereiche	***Kf*-Wert [m/s]**
A2	$4.3 \cdot 10^{-7}$
A3	$3.4 \cdot 10^{-7}$
B1	$2.9 \cdot 10^{-6}$
B2	$1.6 \cdot 10^{-6}$
B3	$1.0 \cdot 10^{-6}$
C2	$2.6 \cdot 10^{-6}$
C3	$1.7 \cdot 10^{-6}$
D2	$1.1 \cdot 10^{-5}$
D3	$6.8 \cdot 10^{-6}$

Abbildung 5.8: Räumliche Verteilung der Deckschichtdurchlässigkeiten

5.6 Automatische Optimierung

5.6.1 Modellrandbedingungen

Der Ansatz der Modellrandbedingungen für die Automatische Optimierung des Anwendungsbeispiels entspricht den Randbedingungen, wie sie von KÖNGETER ET AL. (2002) angesetzt werden.

Abbildung 5.9 bezeichnet die Randbedingungsbereiche des Grundwassermodells *Weißer Bogen*. Die einzelnen Ansätze werden im Folgenden zusammengefasst.

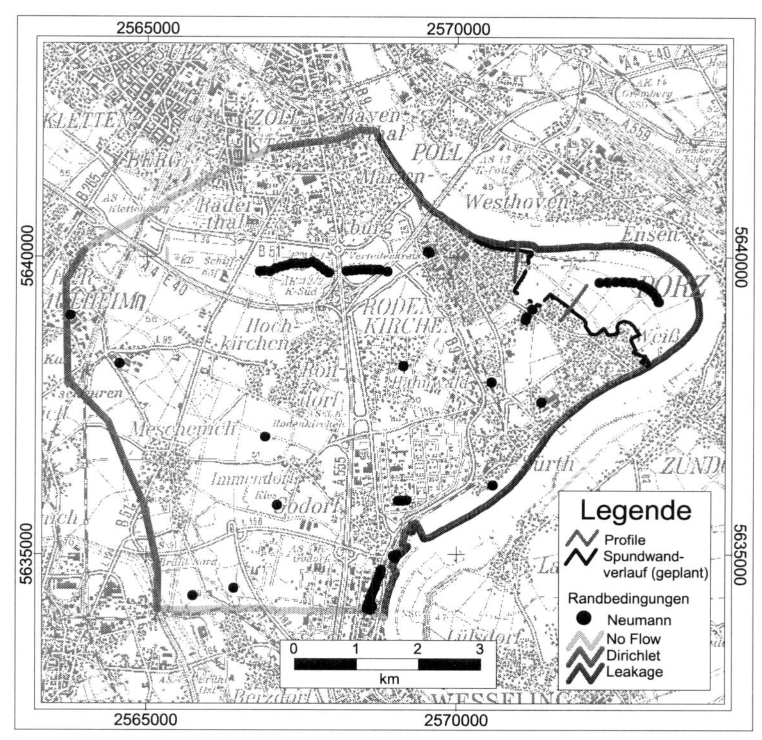

Abbildung 5.9: Randbedingungen für das Grundwassermodell Weißer Bogen

Westlicher Modellrand

Der westliche Modellrand ist von Hochwasserereignissen nahezu unbeeinflusst. Die zuströmenden Wassermengen über diesen Modellrand sind unbekannt. Auf der Grundlage einer Vielzahl von Grundwassermessstellen entlang des westlichen Modellrandes liegen für die entsprechenden Messzeitpunkte die Grundwasserstände vor. Durch zeitliche und räumliche Interpolation werden daraus DIRICHLET-Randbedingungen (vgl. Kap. 3.3) erzeugt und für die Berechnungszeiträume auf die Randknoten interpoliert. Die DIRICHLET-Randbedingungen werden gemäß den vorliegenden Messintervallen in monatlichen Zeitschritten vorgegeben.

Südlicher und nordwestlicher Modellrand

Der südliche und nordwestliche Modellrand verlaufen sowohl im Normalwasser- als auch im Hochwasserfall parallel zu den Stromlinien, so dass kein Überstrom an diesen Rändern erfolgt. Abweichungen davon, die aufgrund der wechselnden hydraulischen Bedingungen auftreten können, haben wegen der großen Entfernung zum Aussagegebiet einen zu vernachlässigenden Einfluss.

Nördlicher Modellrand

Auf dem Nordrand des Modellgebietes werden auf einem etwa zwei Kilometer langen Abschnitt in der Nähe des Rheins DIRICHLET-Randbedingungen angesetzt. Diese werden mit der gleichen Methode erzeugt, wie die für den westlichen Rand.

Rhein

Neben den Wasserstandsdaten für den Pegel Köln werden vom Bundesamt für Gewässerkunde in Koblenz Rheinpegelinterpolationsdaten zu Verfügung gestellt. Aus den Interpolationsdaten wird der Wasserstand des Rheins in 100 m Schritten in Abhängigkeit von der Abflussmenge am Pegel Köln bestimmt. Entlang des östlichen Modellrandes wird das Grundwassergeschehen entscheidend durch den Rhein beeinflusst. Dem Modellgebiet wird an diesem Rand über den Ansatz von LEAKAGE-Randbedingungen (vgl. Abbildung 3.5) ein Rheinpegelabhängiger Wasserstand vorgegeben. Der Zustrom in das Modellgebiet wird über einen LEAKAGE-Faktor gedämpft. Der LEAKAGE-Faktor ist ein Maß für die Kolmation der Rheinsohle. Er ist im Rahmen der Modellkalibrierung bestimmt worden. Im Normalwasserfall findet die Leckage lediglich über den Modellrand statt. Kommt es zur Überflutung, so wird den Knotenpunkten der überfluteten Rheinvorländer ebenfalls eine LEAKAGE-Randbedingung zugewiesen. Die Überflutungsflächen werden mit Hilfe eines Berechnungsprogramms durch die Verschneidung der Rheinwasserstände mit den Geländehöhen ermittelt (vgl. Abschnitt 4.8.3). Im Rahmen des Anwendungsbeispiels *Weißer Bogen* wird das komplette Hochwasserspektrum nach Abbildung 4.22 zu Grunde gelegt, wobei der Berechnungszeitraum von einem Monat vom 15.03.1988 bis 15.04.1988 gewählt wird. Dadurch wird die Simulationszeit reduziert und dennoch die maximale Hochwasserwelle vom Anstieg bis zum wieder Abklingen berücksichtigt.

Grundwasserentnahmen

Die Grundwasserentnahmen werden durch den Ansatz von NEUMANN-Randbedingungen berücksichtigt (vgl. Kap. 3.3). Die zeitliche Diskretisierung der Randbedingungsdaten erfolgt angepasst an die vorliegenden Daten der Entnehmer entweder Monats- oder Jahresweise. Da bei den meisten Betreibern die Entnahmen über das Jahr verteilt relativ gleichmäßig getätigt werden, ist der Ansatz jährlich konstanter Entnahmemengen zulässig und der hervorgerufene Fehler vernachlässigbar.

Grundwasserneubildung

Die räumliche Verteilung der Grundwasserneubildung ist in Abbildung 5.10 dargestellt. Die Grundwasserneubildung liegt im westlichen Modellgebiet bei *6.5* $l/s/km^2$ und steigt bis zum östlichen Rand auf etwa *7.5* $l/s/km^2$ an.

Oberflächengewässer

Abgesehen vom Rhein haben keine weiteren Fließgewässer Einfluss auf das Modellgebiet. Die zahlreichen im Modellgebiet verteilten Baggerseen werden durch entsprechende Durchlässigkeiten und Porositäten berücksichtigt.

Anfangsbedingungen

Als Anfangsbedingungen werden dem numerischen Modell Grundwasserstände an allen Knotenpunkten vorgegeben.

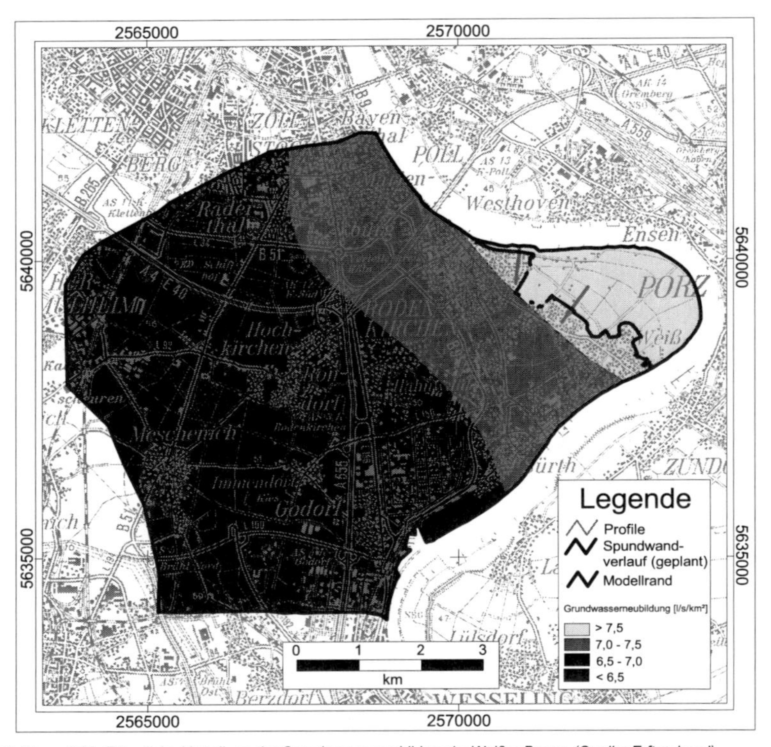

Abbildung 5.10: Räumliche Verteilung der Grundwasserneubildung im Weißer Bogen *(Quelle: Erftverband)*

5.6.2 Objektparameter – Nebenbedingungen

Die Variante ohne Hochwasserschutzmaßnahme wird als *Nullvariante* bezeichnet. Wird eine Variante mit Deich parametrisiert so wird mindestens die Variante beschrieben, die den Deichverlauf und die Spundwandtiefe repräsentiert. Abbildung 5.11 stellt den Verlauf der Einbindetiefen für diese Variante dar.

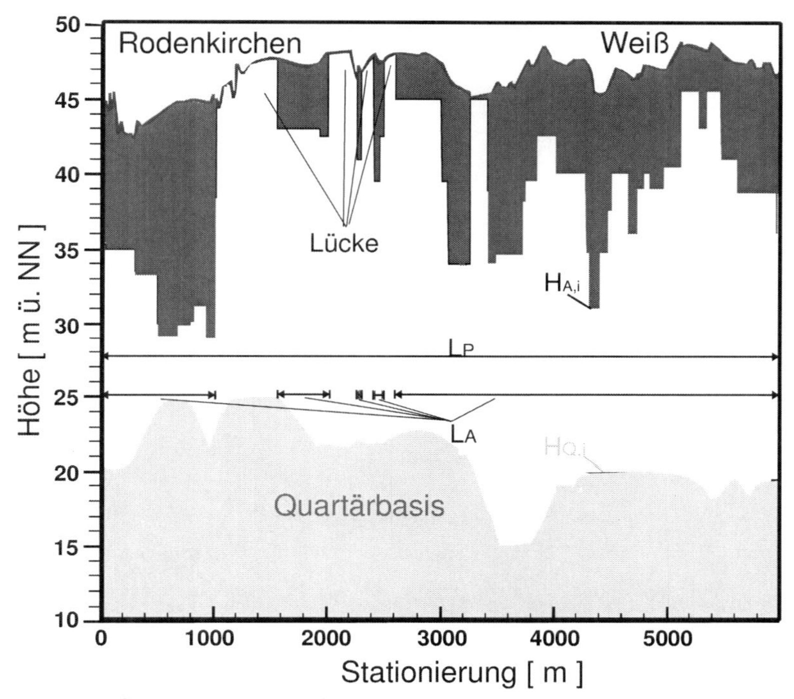

Abbildung 5.11: Stationierung und Einbindetiefe der Spundwand

Die maximale Einbindetiefe der Spundwand ist durch die Quartärbasis beschränkt. Die Parametrisierung erfolgt in Form eines normierten Parameters P, der die Einbindetiefe ausgehend von der Situation nach Abbildung 5.11 (*Ausgangsvariante*) bestimmt. Die Höhe $H_{ukspw,i}$ der Spundwandunterkante berechnet sich nach Gleichung (22), nur für den Fall, dass P größer als Null und kleiner oder gleich Eins ist. $H_{Q,i}$ bezeichnet dabei die Höhe der Quartärbasis, $H_{A,i}$ die Höhe der Spundwandunterkante in Abhängigkeit der Stationierung i gemäß der *Ausgangsvariante*. Im Bereich der Spundwandlücken dieser *Ausgangsvariante* wird die Höhe der Spundwandunterkante einer neuen Variante ebenfalls nach Gleichung (22) berechnet, wobei $H_{A,i}$ mit der Höhe der Geländeoberkante gleich gesetzt wird. Somit werden diese Lücken je nach Variante ebenfalls durch eine Spundwand geschlossen.

$$H_{ukspw,i} = H_{A,i} - P \cdot \left(H_{A,i} - H_{Q,i} \right) \tag{22}$$

In der Nullvatiante (*P=0*) wird die Modellvariante ohne Spundwand und Deichverlauf berechnet. Genau genommen ist im Rahmen dieser Optimierung kein Parameter *P* in der Lage die *Ausgangsvariante* zu beschreiben, da für *P=0* die *Nullvariante* und für *P>0* eine Variante berechnet wird, die entsprechend dem Betrag von *P* von der *Ausgangsvariante* abweicht.

5.6.3 Bewertung und Risikoanalyse

In die Bewertung einer Parametervariante gehen die Kosten für den Spundwand- und Deichbau sowie die Kosten für die im Siedlungsgebiet verursachten Schäden ein. Im Rahmen der Risikoanalyse wird ein diskretes Spektrum an Hochwasserereignissen berücksichtigt und das Gesamtrisiko aus einer Integration der „Einzelrisiken" berechnet (vgl. Kap. 3.5.2).

Spundwand- und Deichkosten

Die Kosten für die Spundwand berechnen sich aus der zugehörigen Verbaufläche multipliziert mit dem Einheitspreis von einhundert Euro. Für die *Nullvariante* ergeben sich keine Spundwandkosten. Für die *Ausgangsvariante* ergibt sich eine Spundwandfläche F_A von *26438.4* m^2 bei einer Länge L_A von *5161.2 m*. Dabei werden die Lücken im Trassenverlauf ausgelassen. Bei einer Variante mit der Parametrisierung *P>0* werden die Lücken bei der Berechnung der Trassenlänge einbezogen, so dass sich eine zugehörige Länge L_P von *5758.2 m* ergibt (vgl. Abbildung 5.11). Die Gesamtfläche F_G der Spundwand berechnet sich in diesem Fall aus der Spundwandfläche F_A der *Ausgangsvariante* und der Länge L_P multipliziert mit der mittleren zusätzlichen Einbindetiefe *mdt* der Spundwand (Gl. (23).

$$F_G = F_A + L_P \cdot mdt \tag{23}$$

Die mittlere zusätzliche Einbindetiefe *mdt* berechnet sich in jeder einzelnen Variante nach Gleichung (24).

$$\frac{1}{n} \cdot P \cdot \sum_{i=1}^{n} (H_{Ai} - H_{Qi}) \tag{24}$$

Die Differenz der Höhenlagen der *Ausgangsvariante* $H_{A,i}$ und der Quartärbasis $H_{Q,i}$ werden für jede Stationierung bzw. über alle Elemente der Spundwand aufaddiert, mit dem Parameterwert *P* multipliziert und durch die Anzahl *n* der Elemente geteilt.

Die Deichkosten werden unter Berücksichtigung eines Einheitspreises von *2000 €/m* niedriger angenommen als bei den Untersuchungen zum TESTMODELL (vgl. Abschnitt 4.8.5). Dies wird damit begründet, dass bei einer geplanten Deichhöhe von *48 m ü. NN* aufgrund der bereits hohen Geländeoberkante nur eine sehr geringe Aufschüttung für den Deichbau erforderlich ist (vgl. Abbildung 5.7). Teilweise liegt die Geländeoberkante bereits oberhalb der hier angesetzten Deichhöhe, insbesondere im Bereich der Spundwandlücken.

Die Investitionskosten I berechnen sich damit aus der Summe der Spundwand- I_{Spw} und Deichkosten I_D wie folgt (Gl. (25)).

$$I = I_{Spw} + I_D = \left\{ (F_A + (mdt + \frac{mdt^2}{10m}) \cdot L_P) \cdot 100 \frac{Euro}{m^2} \right\} + \left\{ L_P \cdot 2000 \frac{Euro}{m} \right\} \quad (25)$$

Der zusätzliche Term $mdt^2/10\ m$ berücksichtigt einen überproportionalen Kostenanstieg mit zunehmender Tiefe. Abbildung 5.12 veranschaulicht die Funktion der Investitionskosten.

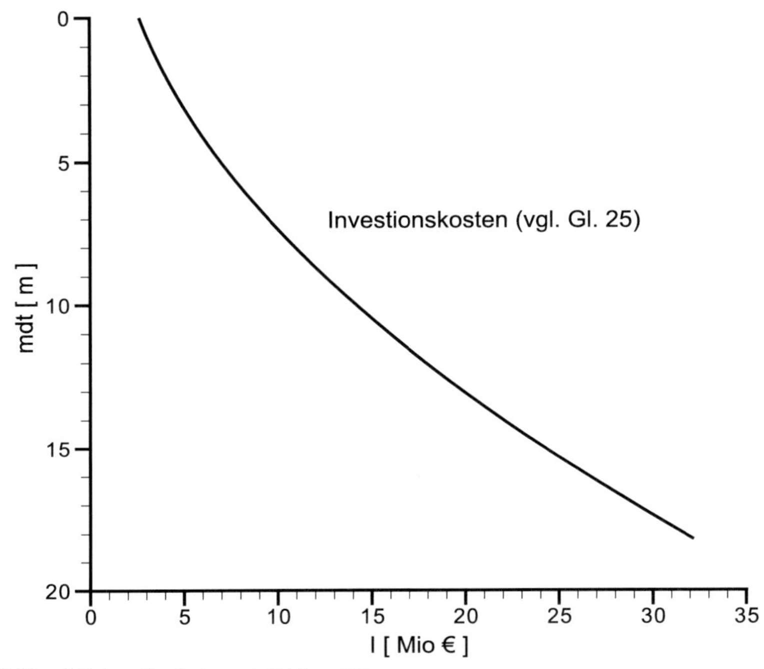

Abbildung 5.12: Investitionskosten nach Gleichung (25)

Zur Berechnung der jährlichen Kosten werden die Investitionskosten mit dem Kapitalrückflussfaktor nach Gleichung (12) multipliziert. Bei einem angenommenen Zinssatz von *8%* und einer Lebensdauer von *50* Jahren ergibt sich der Faktor F_{KR} zu *0.082*.

Zu den jährlichen Investitionskosten addieren sich die Kosten für die Wartung des Deiches, die mit *1000 €* pro Deichkilometer und Jahr angenommen werden.

Kosten für Schäden

Der Evaluierungsbereich innerhalb des Siedlungsgebietes der Kölner Stadtteile Rodenkirchen und Weiβ ist in Abbildung 5.1 dargestellt. Grundlage für die Anwendung der Bewertungsfunktion zur Ermittlung der Hochwasserschäden bilden die Angaben zur Siedlungs- und Gebäudestruktur der beiden Stadtteile (vgl. www.stadt-koeln.de). Auf der Siedlungsfläche von ca. *12 qkm* stehen etwa *4400* Wohngebäude was einen Flächenbedarf von etwa *2700 m2/Gebäude* ergibt. Zur Berücksichtigung sonstiger Infrastruktur bei der Schadensbilanz wird ein Faktor von *1.7* angenommen und berücksichtigt. Als Schadensfunktion werden vereinfachend die Gleichungen (17) und (18) zu Grunde gelegt, wobei jedoch davon ausgegangen wird, dass die Bebauung nicht unterkellert ist. Die Funktionen werden als Nebenbedingung erst dann berechnet, wenn die Grundwasserhöhe die Geländeoberkante übersteigt.

Für jeden überfluteten Knoten berechnet sich sein Beitrag zum Schaden $S+$ im Modell nach Gleichung (26).

$$S_{+} = A_{knot} \cdot \frac{1}{2700m^2} \cdot 1.7 \cdot f \qquad (26)$$

A_{knot} bezeichnet dabei die überschwemmte Knotenfläche und f den maximalen Wert der Schadensfunktion, der sich im betrachteten instationären Zeitraum am jeweiligen Knoten ergibt.

Risikoanalyse

Die Berechnung des Gesamtrisikos ergibt sich analog zu den Ausführungen in den Kapiteln 3.5 und 4.8. Optimierungsgröße sind wieder die Gesamtkosten, das die Kosten durch Schäden und den Bau der Hochwasserschutzmaßnahme sowie die Eintrittswahrscheinlichkeiten für das diskrete Spektrum der Einwirkungen berücksichtigt (vgl. Gleichung (11)).

5.6.4 Ergebnisse

Die Ergebnisse der automatischen Optimierung des Anwendungsbeispiels *Weißer Bogen* werden im vorliegenden Abschnitt dargestellt. Die Darstellungen ergeben sich in Anlehnung an die Ergebnisauswertungen des Kapitels 4. Neben den Darstellungen der Schadens- und Risikoauswertung in Abhängigkeit des Optimierungsverlaufs werden die Kosten- Nutzen Analyse und die Betrachtungen zur Schadens- bzw. Risikominderung vorgestellt.

Abbildung 5.13 zeigt die Entwicklung der berechneten Schäden für einzelne Hochwasserereignisse im Verlauf der Optimierung. Es sind nur die Optimierungsvarianten berücksichtigt, die mit einer Verbesserung der Zielgröße „Gesamtkosten pro Jahr“ einhergehen (Verbesserungsstufen).

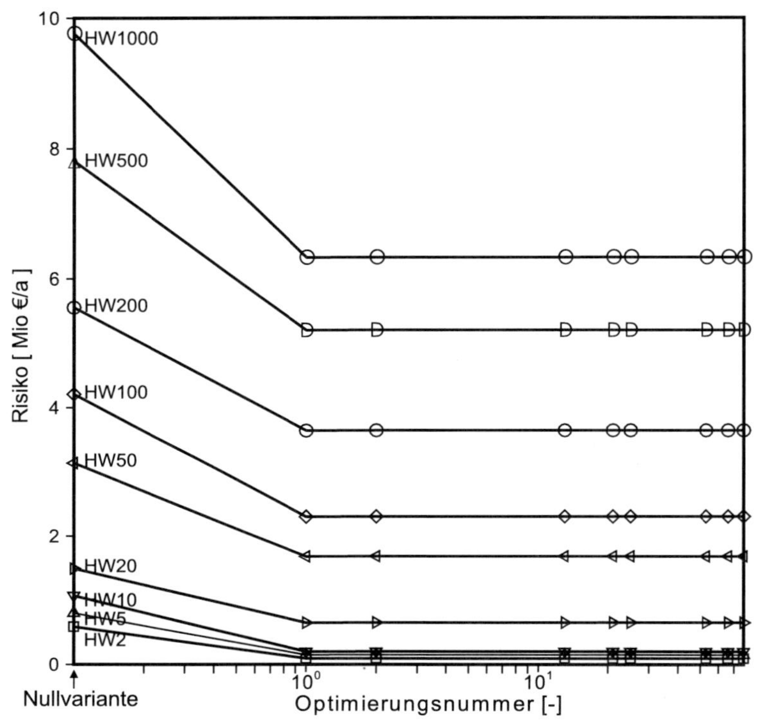

Abbildung 5.13: Schäden durch einzelne Hochwasserereignisse in den Verbesserungsstufen des Optimierungsverlaufs (Weißer Bogen)

Die Optimierung konvergiert bereits nach insgesamt *77* Optimierungsschleifen bei *9* Verbesserungsstufen.. Ausgehend von der *Nullvariante* tritt eine deutliche Minderung des Risikos für alle betrachteten Hochwasserereignisse bereits mit der zweiten Verbesserungsstufe nach zehn Optimierungsschleifen ein. Dies verdeutlicht die prinzipiell positive Wirkung der geplanten Hochwasserschutzmaßnahme im Vergleich mit der *Nullvariante* ohne jeglichen Hochwasserschutz. Im weiteren Verlauf der Optimierung verändern sich die berechneten „Einzelrisiken" nur noch marginal.

Die jährlichen Kosten im Verlauf der Optimierung zeigt Abbildung 5.14 für sämtliche Optimierungsvarianten. Eine deutliche Reduktion des Schadensrisikos (berechnetes Risiko unter ausschließlicher Berücksichtigung der Hochwasserschäden ohne die Spundwandkosten) um ca. *10 Mio. Euro*.

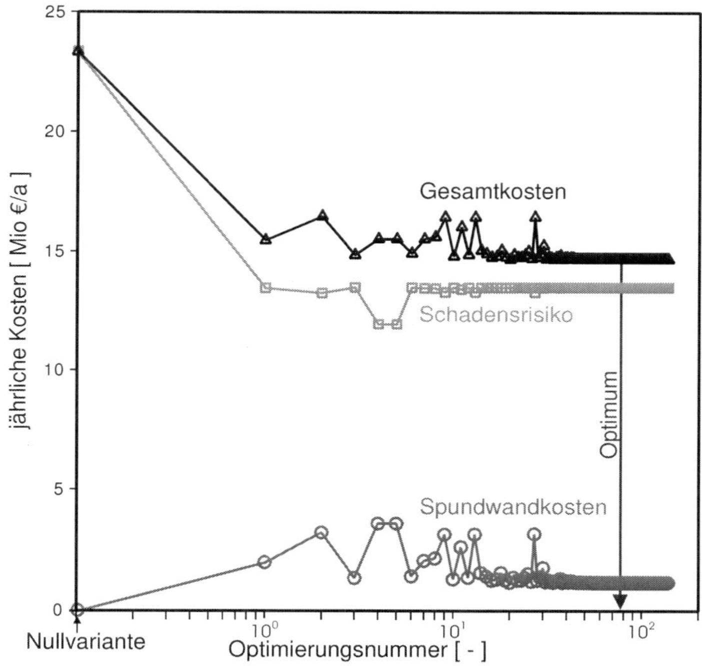

Abbildung 5.14: Jährliche Kosten im Optimierungsverlauf: Spundwandkosten – Schadensrisiko – Gesamtkosten (Weißer Bogen)

Durch Addition der zugehörigen jährlichen Spundwandkosten ergeben sich die Gesamtkosten der optimalen Variante (Optimum). Es wird deutlich, dass die Spundwandvariante mit den geringsten Spundwandkosten, abgesehen von der *Nullvariante*, die optimale Lösung darstellt. Diese Variante entspricht praktisch der *Ausgangsvariante*.

Dies wird ebenfalls durch die Darstellung der jährlichen Kosten in Abhängigkeit der Projektgröße bestätigt (Abbildung 5.15). Das Optimum befindet sich genau in der Variante, bei der eine Hochwasserschutzmaßnahme vorgeschlagen wird, also nicht die *Nullvariante* darstellt, und dabei die geringsten Projektkosten verursacht. Dies entspricht der *Ausgangsvariante*, wie sie bereits im Bericht von KÖNGETER ET AL. (2002) vorgeschlagen wird. Die Spundwand erfüllt demnach den statischen Anforderungen zur Stabilisierung des Deiches und hat keinen Nachteiligen hydraulischen Einfluss auf das Siedlungsgebiet.

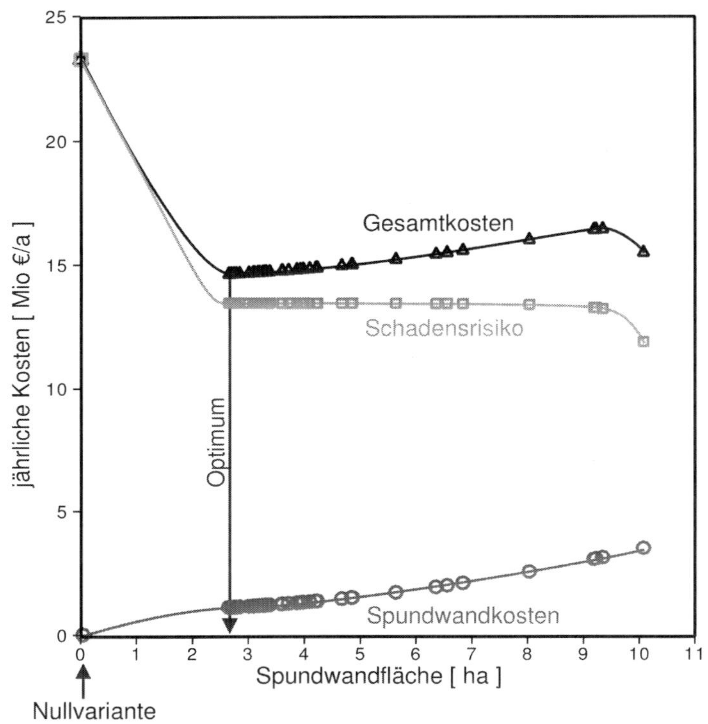

Abbildung 5.15: Kosten in Abhängigkeit der Spundwandfläche (Weißer Bogen)

Es ist zwar deutlich zu erkennen, dass das Schadensrisiko, also die jährlichen Kosten, die durch Schäden entstehen, mit zunehmender Projektgröße weiter sinken, aber die Gesamtkosten als Optimierungsgröße infolge der höheren Spundwandkosten nicht weiter reduziert werden. Die unstetige Reduzierung der Gesamtkosten und der Kosten durch Schäden bei der Variante mit den größten Projektkosten stellt die Variante dar, bei der der Objektparameter P zu eins gesetzt ist und die Spundwand vollständig ins Quartär einbindet. Somit wird eine nahezu vollständige Abdichtung des Grundwasserkörpers durch die Spundwand erreicht. Aufgrund des landseitig entstehenden höheren Aufstaus und der Verhinderung des Grundwasserabflusses bei Hochwasserrückgang stellt dies nicht die optimale Variante dar.

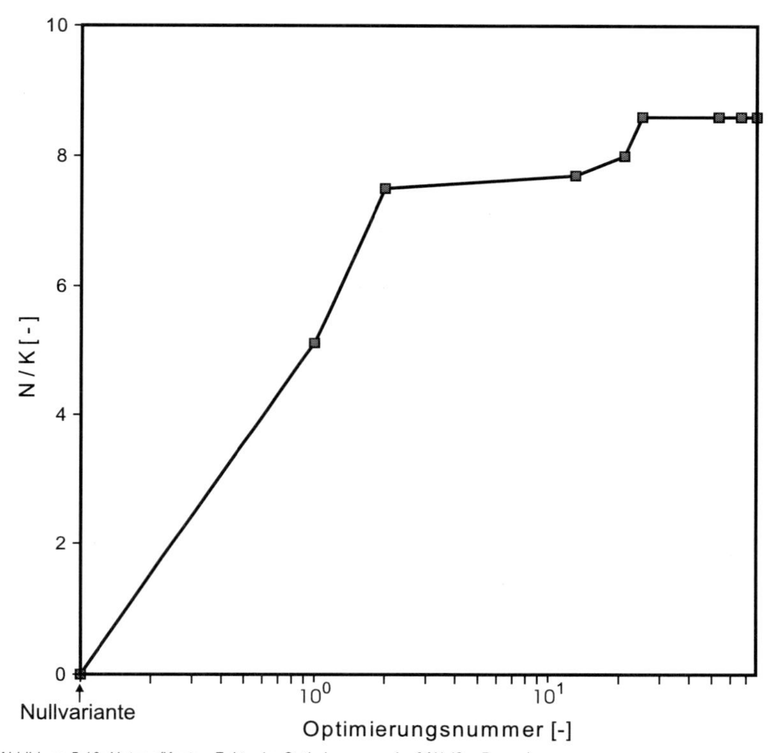

Abbildung 5.16: Nutzen/Kosten Faktor im Optimierungsverlauf (Weißer Bogen)

Die Entwicklung des Nutzen/Kosten-Faktors in den Verbesserungsstufen ist in Abbildung 3.5 dargestellt. Mit jeder Verbesserung oder Minimierung der Gesamtkosten geht eine Erhöhung des Nutzen/Kosten-Faktors bis zum Wert von *8.6* einher. Der zugehörige Objektparameter nähert sich mit *0.00018* dem Wert Null und damit der *Ausgangsvariante*.

Der direkte Vergleich zwischen Schadensminderung und Restschäden verdeutlicht den Unterschied zwischen der *Nullvariante* und der optimalen Variante, die mit der *Ausgangsvariante* gleich zu setzen ist (Abbildung 5.17).

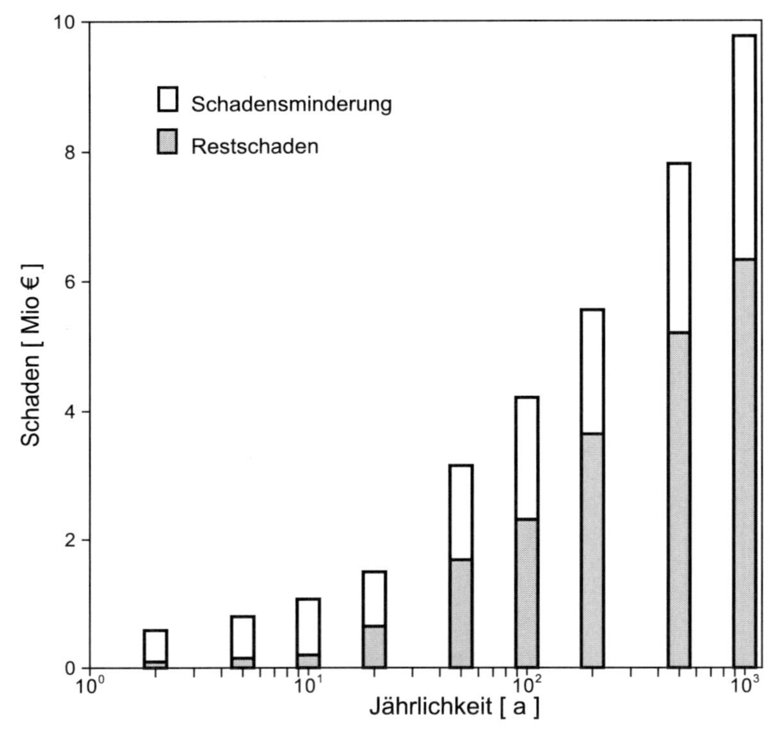

Abbildung 5.17: Reduzierter Schaden und Restschaden bei Hochwasserereignissen diskreter Jährlichkeit (Weißer Bogen)

In der Darstellung der Schäden durch die diskreten Hochwasserereignisse wird deutlich, dass die Restschäden der optimierten Variante sehr viel kleiner sind als die Schäden bei der *Nullvariante*. Dennoch sind auch für die Ereignisse mit geringer Jährlichkeit die Schäden durch die geplante Hochwasserschutzmaßnahme nicht ganz abzuwenden. Dafür ist die Hochwasserschutzmaßnahme auch für Ereignisse mit sehr großer Jährlichkeit beträchtlich wirksam und reduziert die Schäden der *Nullvariante* wesentlich.

Die Betrachtung der diskreten Risiken in Abbildung 5.18 verdeutlicht die beträchtliche Risikominderung durch die optimierte Hochwasserschutzmaßnahme, insbesondere im Bereich der Hochwasserereignisse mit geringer Jährlichkeit.

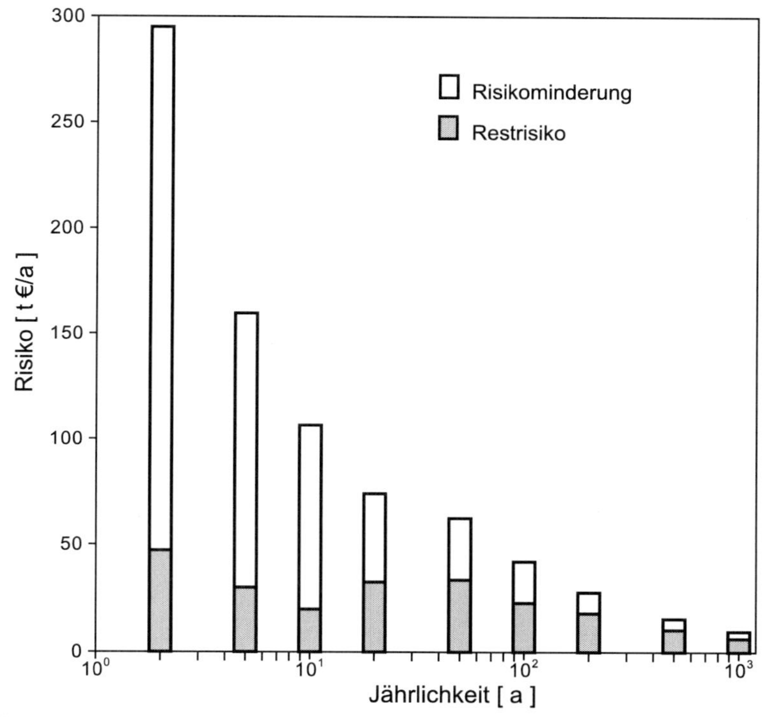

Abbildung 5.18: Reduziertes Risiko und Restrisiko bei Hochwasserereignissen diskreter Jährlichkeit (Weißer Bogen)

In Abbildung 5.18 und Abbildung 5.17 wird deutlich, dass auch bei kleinen Wiederkehrperioden, bei denen das Bemessungshochwasser (HW100) nicht überschritten wird, Schäden zu verzeichnen sind. Dieses deutet darauf hin, dass die so geplante Hochwasserschutzmaßnahme nicht den optimalen Hochwasserschutz bietet, weil beispielsweise eine seitliche Umströmung der Schutztrasse möglich ist. Möglicher Weise wären an dieser Stelle zusätzliche lokale Hochwasserschutzmaßnahmen ergänzend zu planen. Es ist ebenfalls anzumerken, dass die Hochwasserschadensfunktionen an jedem Modellknoten innerhalb des Bewertungsgebietes angewendet werden, was eine ungünstige Abschätzung der Hochwasserschäden nach sich ziehen kann. Bei einer detaillierteren Analyse wäre die genauere Aufnahme und Beschreibung der Schadenspotentiale erforderlich.. Die Darstellung der maximalen Grundwasserhöhen über Geländeoberkante im betrachteten Zeitraum der Hochwasserwelle und der Vergleich zwischen *Nullvariante* und optimierter Variante in Abbildung 5.19 bis Abbildung 5.36 stellt die Bereiche des

Siedlungsgebietes heraus, die besonders durch das Hochwasserrisiko betroffen sind. Nicht alle Bereiche des Bewertungsgebietes sind gleichermaßen betroffen. Insbesondere die Siedlungen im Nahbereich der Spundwand im nördlichen Bereich von Rodenkirchen sind einem erhöhten Hochwasserrisiko ausgesetzt. Vor allem dort wirkt die Hochwasserschutzmaßnahme entsprechend risikomindernd.

Die Betrachtungen der Abbildung 5.19 bis Abbildung 5.22 für die Hochwasserjährlichkeiten zwei und fünf Jahre veranschaulichen die Reduzierung der maximalen Grundwasserstände über Geländeoberkante im Siedlungsgebiet Rodenkirchen nahe der Spundwand. Nur ein relativ kleiner Siedlungsbereich im gesamten Bewertungsgebiet ist von den kleineren Hochwasserereignissen betroffen und profitiert direkt von der Hochwasserschutzmaßnahme.

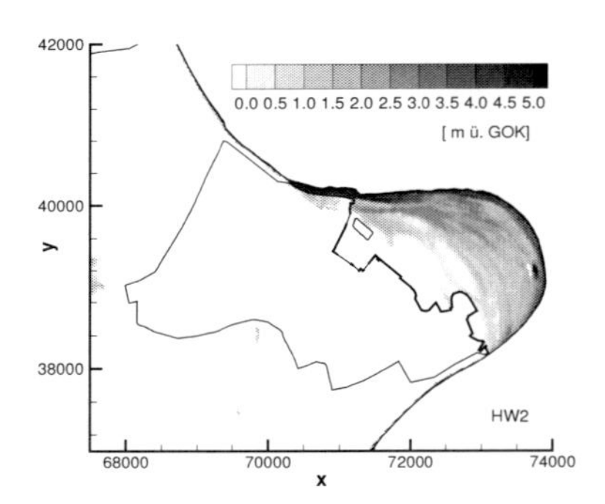

Abbildung 5.19: maximale Grundwasserstände der Nullvariante *bei* HW2

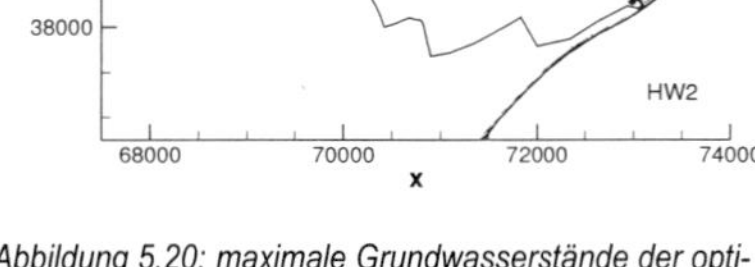

Abbildung 5.20: maximale Grundwasserstände der optimierten Variante (~Ausgangsvariante*) bei* HW2

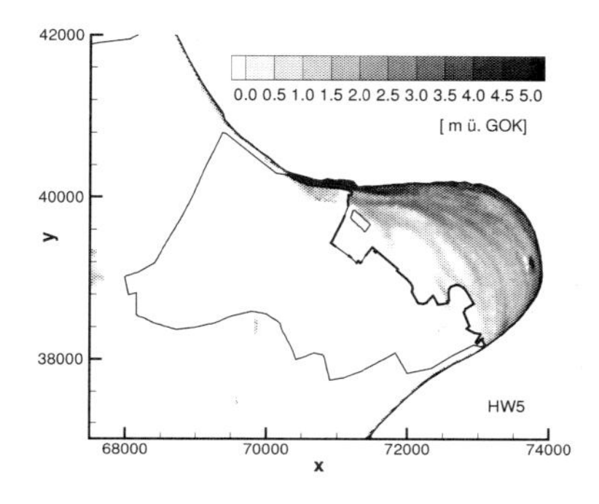

Abbildung 5.21: maximale Grundwasserstände der Nullvariante *bei* HW5

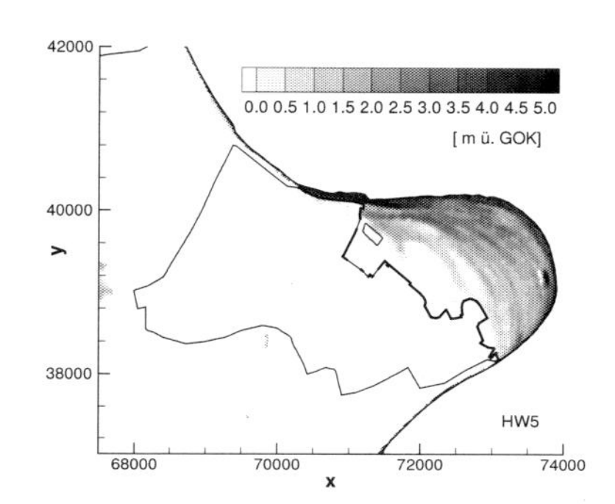

Abbildung 5.22: maximale Grundwasserstände der optimierten Variante (~Ausgangsvariante*) bei H5*

Ab einem zehnjährlichen Hochwasserereignis lassen sich in Abbildung 5.23 auch Grundwasserstände oberhalb der Geländeoberkante feststellen, die im Siedlungsgebiet von Weiβ im Süd-Osten nahe der Spundwand liegen. In Abbildung 5.24 sind die durch die optimierte Variante reduzierten Grundwasserhöhen über Gelände dargestellt. Die Grundwasserstände liegen fast ausschlieβlich unterhalb des Geländes.

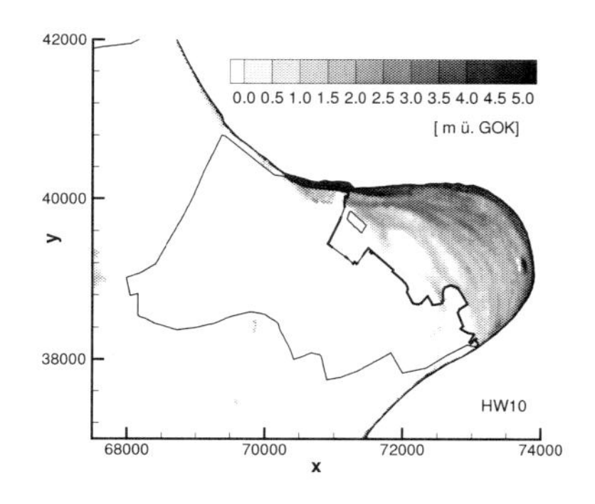

Abbildung 5.23: maximale Grundwasserstände der Nullvariante *bei* HW10

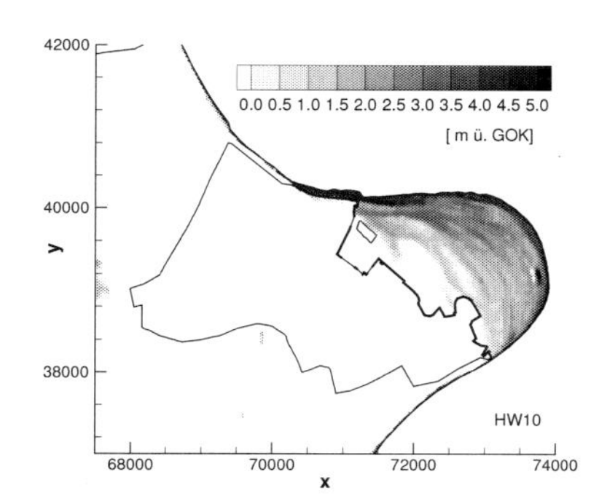

Abbildung 5.24: maximale Grundwasserstände der optimierten Variante (~Ausgangsvariante*) bei* HW10

Bis zum tausendjährlichen Hochwasserereignis (Abbildung 5.35 und Abbildung 5.36) steigern sich die maximalen Überflutungsflächen im Bewertungsgebiet sowohl für die *Nullvariante* als auch für die optimierte Variante, mit den reduzierten Grundwasserhöhen.

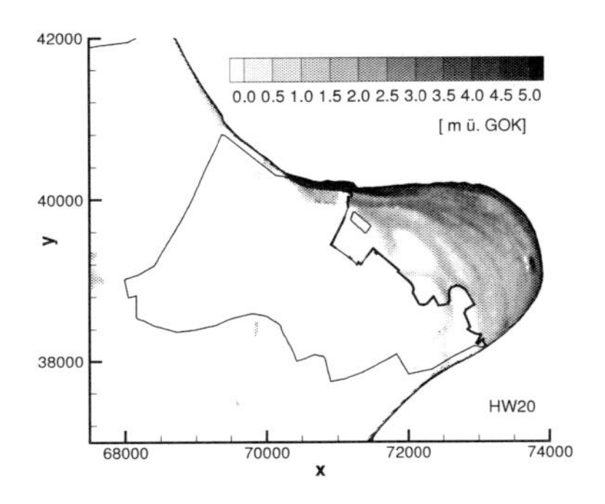

Abbildung 5.25: maximale Grundwasserstände der Nullvariante *bei* HW20

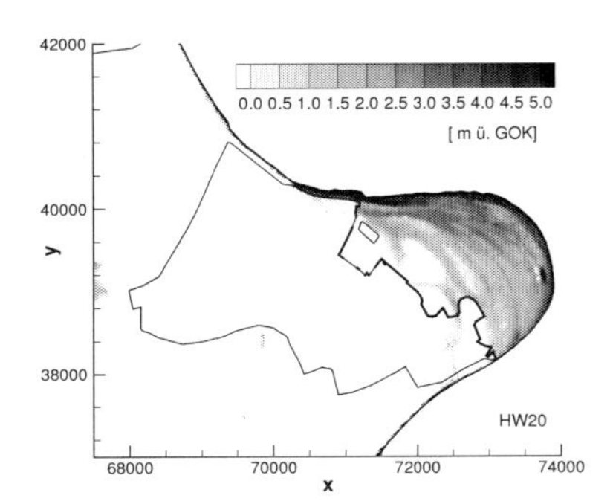

Abbildung 5.26: maximale Grundwasserstände der optimierten Variante (~Ausgangsvariante*) bei* HW20

Während die Grundwasserhöhen im Bereich Rodenkirchen durch die Schutzmaßnahme nahezu vollständig bis zur Schadensfreiheit reduziert werden können, ist die Abminderung der Grundwasserhöhen im Siedlungsgebiet Weiß nur sehr gering. Dadurch verbleiben beträchtliche Restschäden bzw. ein entsprechend hohes Restrisiko.

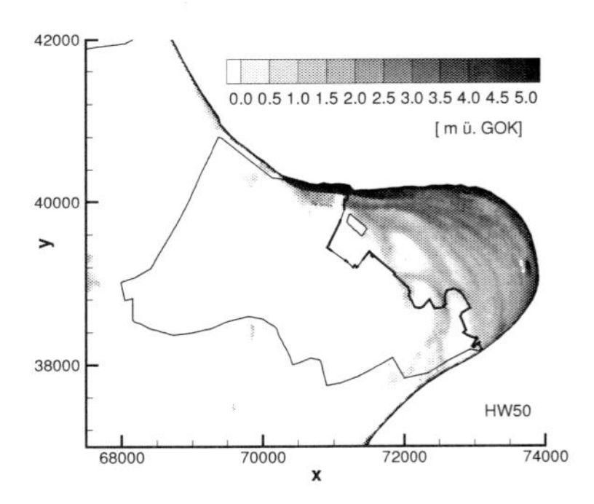

Abbildung 5.27: maximale Grundwasserstände der Nullvariante *bei* HW50

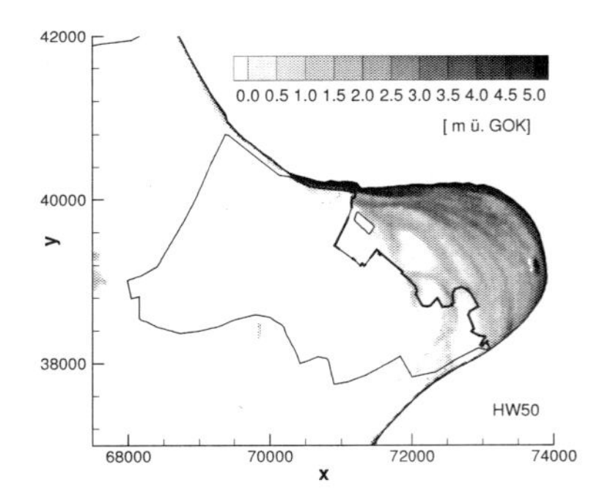

Abbildung 5.28: maximale Grundwasserstände der optimierten Variante (~Ausgangsvariante*) bei* HW50

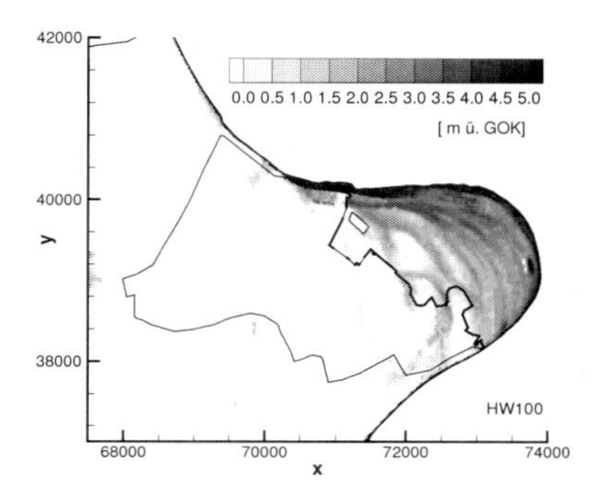

Abbildung 5.29: maximale Grundwasserstände der Nullvariante *bei* HW100

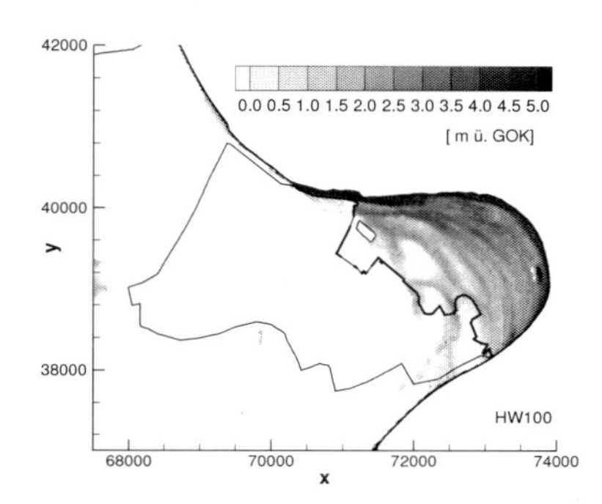

Abbildung 5.30: maximale Grundwasserstände der optimierten Variante (~Ausgangsvariante*) bei* HW100

Der Grundwasseranstieg im Bereich Weiβ kann durch die Hochwasserschutzmaβnahme nicht entscheidend gemindert werden. Besonders bei Hochwasserereignissen, die eine Jährlichkeit von *100* Jahren überschreiten ist ein Überfluten dieses Gebietes durch die Maβnahme nicht zu verhindern, da die Deichhöhen für ein Bemessungshochwasser *HW100* ausgelegt sind.

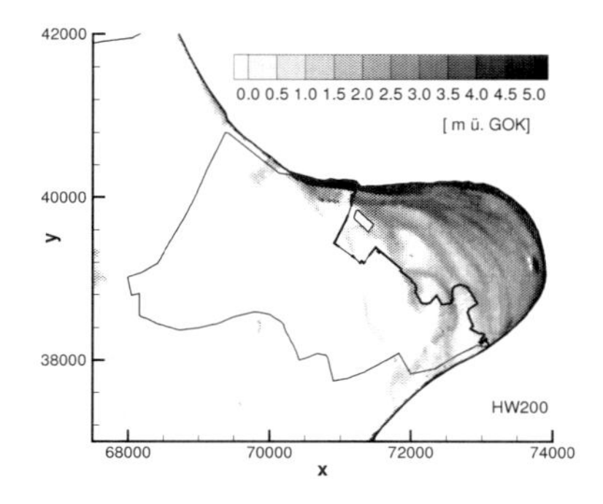

Abbildung 5.31: maximale Grundwasserstände der Nullvariante *bei* HW200

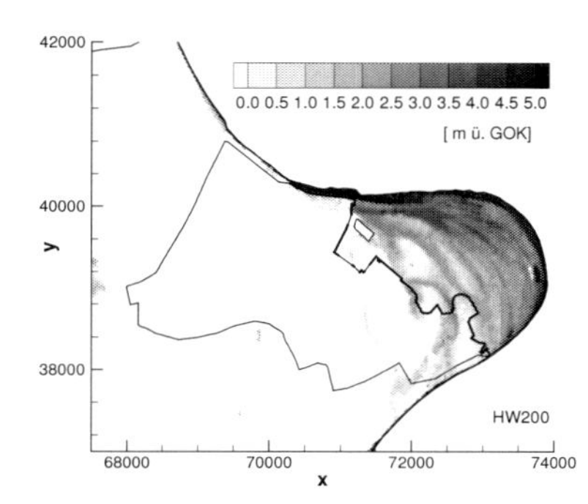

Abbildung 5.32: maximale Grundwasserstände der optimierten Variante (~Ausgangsvariante*) bei* HW200

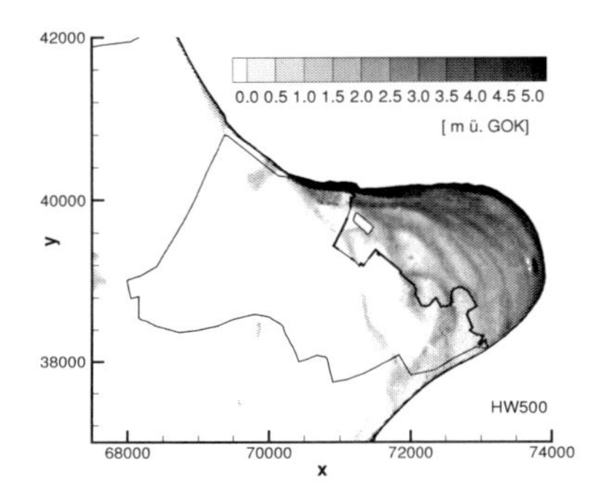

Abbildung 5.33: maximale Grundwasserstände der Nullvariante *bei* HW500

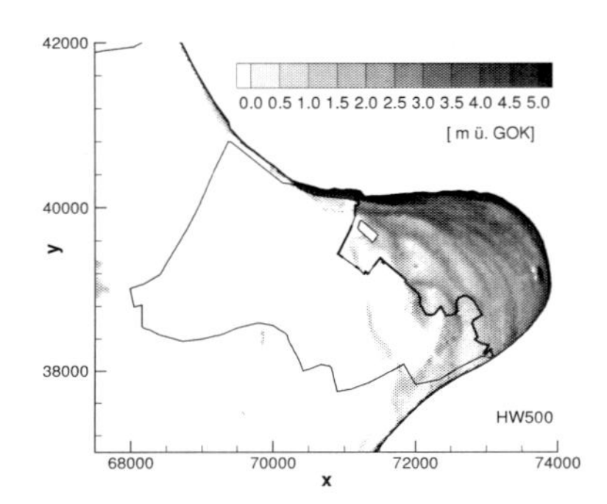

Abbildung 5.34: maximale Grundwasserstände der optimierten Variante (~Ausgangsvariante*) bei* HW500

Zudem ist der geplante Hochwasserschutz nicht in der Lage das gesamte Bewertungsgebiet vom Rhein abzuschirmen. Gegebenenfalls sind sämtliche bestehenden Deiche entlang des Rheins auf ihre Hochwassersicherheit zu überprüfen. Möglicherweise ergäbe sich hieraus weiteres Potential zur Risikominderung.

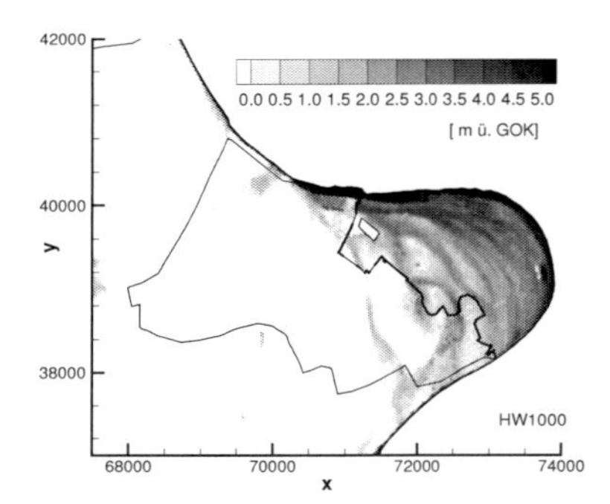

Abbildung 5.35: maximale Grundwasserstände der Nullvariante *bei* HW1000

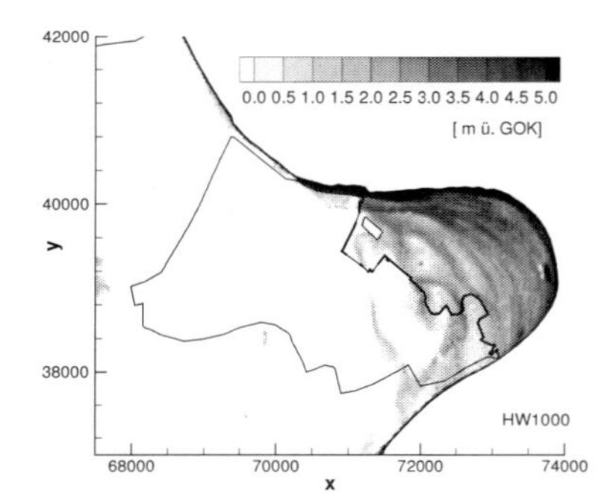

Abbildung 5.36: maximale Grundwasserstände der optimierten Variante (~Ausgangsvariante*) bei* HW1000

Der zeitliche Aufwand für die automatische Optimierung des Anwendungsbeispiels *Weißer Bogen* ist in Abbildung 5.38 und Abbildung 5.37 zusammengefasst. Der DES – Algorithmus steuert in seiner MATLAB – Umgebung (THE MATHWORKS INC, 2004) das gesamte Optimierungssystem. Abbildung 5.38 summiert die benötigte Nettozeit zur

Steuerung und Optimierung durch den Algorithmus. Der Zeitbedarf des *Preprocessing*, zur Berechnung des Numerischen Modells und zum *Postprocessing* bleibt dabei unberücksichtigt. Weniger als zwei Sekunden werden durch das Optimierungsmodul für die gesamte Optimierung benötigt. Für sämtliche Berechnungen wird ein Intel® Pentium® M Prozessor mit *1.7* GHZ Taktfrequenz verwendet.

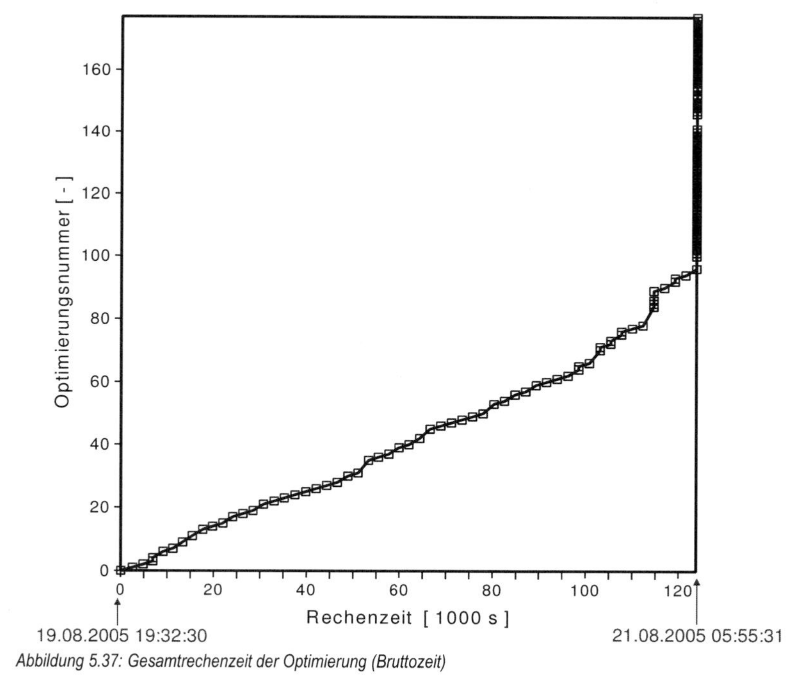

Abbildung 5.37: Gesamtrechenzeit der Optimierung (Bruttozeit)

Der Zeitaufwand der gesamten Optimierung einschließlich des Zeitbedarfs für alle Module des Optimierungssystems (Bruttozeit) ist in Abbildung 5.37 dargestellt. Für insgesamt *177* Optimierungen werden über $1.2 \cdot 10^5$ *s* benötigt was in etwa *34.5 h* entspricht. Dabei ist zu berücksichtigen, dass das Optimum bereits nach *77* Optimierungen erreicht wird und in den letzten *100* Optimierungen aufgrund der *SIMILAR.m* Funktion nahezu keine Funktionsaufrufe und damit keine Modellberechnungen gestartet werden. Entsprechend liegt der Zeitaufwand für diese Optimierungen im Bereich weniger Sekunden.

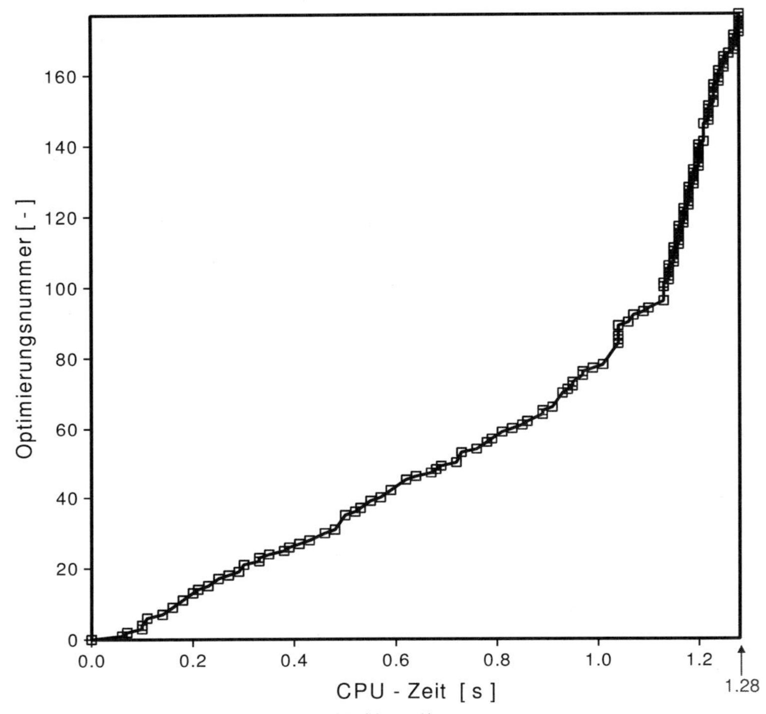

Abbildung 5.38: CPU – Zeit des Optimierungsmoduls (Nettozeit)

Der mittlere Zeitaufwand für eine Optimierungsschleife vor dem Erreichen des Optimums berechnet sich demnach gemäß Gleichung (27).

$$\overline{t} = \frac{123781s}{77} \approx 1607s \approx 27\,\text{min} \tag{27}$$

Dabei bleibt zu beachten, dass im Anwendungsbeispiel lediglich ein Objektparameter zur Beschreibung der Einbindetiefe der Spundwand benötigt wird. Bei einer Erweiterung des Problems zur Optimierung auch der Spundwandlage mit beliebig vielen Segmenten wird die Potenzierung der benötigten Rechenzeit offensichtlich. Selbst der Ansatz der Ursprünglichen Gesamtzeit der Hochwasserwelle von etwa sechs Monaten hätte eine Berechnungsdauer von ca. drei Stunden pro Optimierungsvariante gefordert.

Die weiterführende Diskussion um den zeitlichen Aufwand und die Wirtschaftlichkeit der automatischen Optimierung wird in Kapitel 7 geführt.

5.7 Fazit – Anwendungsbeispiel

Die Erkenntnisse aus den Untersuchungen des Anwendungsbeispiels werden im Folgenden Zusammengefasst:

- Insgesamt sind die Ergebnisse zur automatischen Optimierung der Einbindetiefe der Spundwand charakteristisch und plausibel.

- Es stellt sich heraus, dass die optimierte Variante mit der Ausgangsvariante, der bereits geplanten Variante aus den wissenschaftlichen Untersuchungen nach KÖNGETER ET AL (2002) zusammenfällt.

- Das Optimum geht nicht mit einem Höchstmaß an Sicherheit einher. Bereits bei kleinen Wiederkehrintervallen, die das einhundertjährliche Hochwasser unterschreiten, treten Hochwasserschäden auf. Zum einen wären an dieser Stelle möglichst genauere Kenntnisse über die Schadensfunktionen und die Schadenspotentiale gefordert, da sie im Rahmen der Untersuchungen im Wesentlichen geschätzt und angenommen werden konnten. Zum anderen wären ggf. zusätzliche Hochwasserschutzmaßnahmen (lokaler Hochwasserschutz, Grundwasserhaltungen u.s.w.) zu planen, um das Sicherheitsniveau weiter zu steigern.

- Der Aufwand der automatischen Optimierung mit nur einem Parameter ist bereits recht hoch, so dass die Grenzen der Akzeptanz zur allgemeinen Anwendung und zur Wirtschaftlichkeit möglicher Weise erreicht werden. Das Optimierungsverfahren befindet sich entsprechend noch nicht auf dem aktuellen Stand der Technik und sollte dahingehend weiter entwickelt werden.

6 Zusammenfassung

Zur Ermittlung der optimalen Lösung einer Deichtrasse mit einer ins Grundwasser einbindenden Spundwand als Hochwasserschutzmaßnahme wird ein automatisches Optimierungssystem aufgebaut. Die Baumaßnahme hat die Aufgabe, das Siedlungsgebiet im Hinterland vor Überschwemmung und Grundwasseranstieg zu schützen. Die Überflutungsflächen zwischen Fluss und Deichtrasse bewirken den Grundwasseranstieg auf beiden Seiten des Deiches, was eine Gefährdung der Siedlungen bedeutet. Um diese Gefährdung zu minimieren, muss die Trasse und die Einbindetiefe der Spundwand optimiert werden.

Zur automatisierten Beurteilung der Hochwasserschutzmaßnahme wird ein automatisches Optimierungssystem aufgebaut. Das System besteht aus mehreren Modulen, die durch ihre jeweiligen Ein- und Ausgabedatensätze miteinander verknüpft sind. Als automatischer Algorithmus steuert die Degenerated Evolutionary Strategy (DES) als eigenes Modul das gesamte Optimierungssystem. Im *Preprocessing-* Modul werden die von der DES vorgeschlagenen Objektparameter zur Beschreibung der Hochwasserschutzvariante in die entsprechenden Eingabedatensätze zum Aufbau und zur Beschreibung des numerischen Grundwassermodells überführt. Das quasi- dreidimensionale Grundwassermodell basiert auf den ein- und zweidimensionalen Grundwasserströmungsgleichungen. Es berechnet die einer Hochwasserschutzvariante zugehörigen Grundwasserstände. Diese werden im Rahmen des *Postprocessing-* Moduls einer Bewertung durch Schadens- und Kostenfunktionen unterworfen. Diese Ergebnisse bilden die Grundlage für die DES zum systematischen Vorschlag neuer Parametersätze und damit neuer Varianten des Hochwasserschutzes.

Im Rahmen einer Grundsatzstudie erfolgt der Aufbau des numerischen TESTMODELLS. Dieses wird willkürlich aber in Anlehnung an typische Vorlandsituationen im Einflussgebiet von Fliessgewässern gewählt und aufgebaut. Zunächst erfolgt die Eignungsprüfung des Optimierungssystems an einem stationären Modellbeispiel mit vereinfachtem Bewertungsansatz. Zur Evaluierung werden die Grundwasserhöhen in einem festgelegten Siedlungsgebiet im Hinterland des Modellgebietes aufaddiert und als zu minimierende „Kosten“ angesetzt. Die stationäre Situation beschreibt die Hochwassersituation bei der das Flusswasser in den Grundwasserkörper infiltriert. Grundsätzlich bestätigt sich in der Untersuchung die Eignung des Optimierungssystems zur Minimierung der Kosten und zur Ermittlung der optimalen Lösung. Unter den vorgegebenen Randbedingungen wird die berechnete optimale Lösung mit maximal einbindender Spundwand und einem Trassenverlauf, der möglichst nahe an dem zu schützenden Siedlungsgebiet liegt, plausibel.

Im nächsten Untersuchungsschritt wird das TESTMODELL erweitert. Es erfolgt der Ansatz einer instationären Hochwasserwelle als Randbedingung. Auch die maximalen Überflutungsflächen, die durch Geländeverschnitt mit der Hochwasserwelle ermittelt werden, finden durch geeigneten Randbedingungsansatz Berücksichtigung. Neben der verbesserten hydraulischen Beschreibung des Optimierungsproblems wird das Bewertungsmodul durch den Ansatz statistisch und empirisch begründeter Kostenfunktionen erweitert, so dass eine monetäre Bewertung jeder vorgeschlagenen Variante erfolgt. Den Schwerpunkt der Untersuchungen am TESTMODELL bildet die Einführung einer verbesserten Parametrisierung zur Beschreibung der Lösungsvarianten. Als neue Methode wird die *indirekte* Parametrisierung vorgestellt, die bereits vorhandene Geometrieinformationen aus dem diskretisierten Finite- Elemente Netz ausnutzt, um die benötigte Anzahl an Parametern zur Beschreibung einer Variante zu reduzieren. Das gegebene Koordinatenverzeichnis reduziert im Wesentlichen die für jeden Punkt zur Beschreibung eines polygonalen Spundwandverlaufes notwendige Parameterinformation von ursprünglich zwei Koordinaten x und y auf die jeweils zugehörige Knotennummer. Diese Knotenliste wird durch geeignete Sortierung, Nummerierung und Normierung in den zugehörigen Parametersatz überführt, dessen optimale Variante im Rahmen der Automatisierung bestimmt wird. In einer Parameterstudie wird die herkömmliche *direkte* Parametrisierung mit der Methode der *indirekten* Parametrisierung verglichen. Die Reduzierung der Parameteranzahl durch die *indirekte* Parametrisierung verbessert die Optimierung nachhaltig. Unter Einhaltung der Objektivität und Sicherung der „Validität", können sowohl die Zuverlässigkeit als auch die Effizienz der Optimierung gesteigert werden. Die Art der Parametrisierung birgt somit unter Umständen ein hohes Einsparpotential was die erforderlichen Rechenzeiten angeht. Insbesondere bei der Anwendung von Großraummodellen, die relativ viel Rechenzeit in Anspruch nehmen, ist die Einsparung der benötigten Anzahl an Funktionsaufrufen von großer Bedeutung. Es lohnt sich also, ggf. die Methode der Parametrisierung zu überdenken und neue Wege zur Einsparung der nötigen Parameteranzahl zu entwickeln oder zu verwenden.

Im dritten Untersuchungsschritt mit dem TESTMODELL wird eine ganzheitliche Risikoanalyse in das Bewertungsmodul eingebunden. Für jede Parametervariante erfolgt auf der Einwirkungsseite der Ansatz mehrerer diskreter Hochwasserereignisse, die das gesamte Hochwasserspektrum bis zu einer Jährlichkeit von *1000* Jahren beschreiben, jeweils als Randbedingung. Damit werden Hochwasserereignisse berücksichtigt die das in der Regel *100* jährliche Bemessungshochwasser überschreiten. Auf der Bewertungs- bzw. Schadensseite werden die Grundwasserhöhen jeder Hochwasserbelastung durch das numerische Modell berechnet und die zugehörigen Schäden mit den Schadensfunktionen bewertet. Durch Multiplikation der diskreten Eintrittswahrscheinlichkeiten mit den zugehörigen Schäden berechnen sich die „Einzelrisiken". Die anschließende Integration über die gesamte betrachtete Zeitspanne ergibt das so genannte „Schadensrisiko" in monetären Kosten pro Jahr. Durch Addition der zugehörigen jährlichen Kosten durch die Baumaßnahme der Hochwasserschutzvariante (Spundwandkosten) errechnen sich die Gesamtkosten pro Jahr. Die Gesamtkosten werden im Rahmen der automatischen Optimierung minimiert und die entsprechende optimale Lösung für die Hochwasserschutzmaßnahme gefunden. Die Ergebnisse spiegeln die charakteristischen Verläufe von Schadens- und Risikospektren wieder. Im Rahmen der Risikountersuchungen ist es möglich, die Hochwassersicherheit bis zu einem bestimmten Bemessungshochwasser zu beurteilen. Im Idealfall sollte für die Einwirkungen bis zum Bemessungshochwasser durch die Hochwasserschutzmaßnahme kein Restrisiko verbleiben. Bei einem das Bemessungshochwasser übersteigenden Ereignis ist dann ein Restrisiko mit zugehörigen Schäden zu erwarten und dieses kann abgeschätzt werden.

Die Übertragung des Automatisierungssystems auf eine praxisrelevante Fragestellung erfolgt im Anwendungsbeispiel *Weißer Bogen*. Im Rahmen einer wissenschaftlichen Untersuchung sind hierzu bereits numerische Berechnungen zum Grundwasserverhalten bei der Errichtung eines Deiches mit einer stabilisierenden Spundwand, die ins Aquifer einbindet, vorgenommen worden (KÖNGETER ET AL., 2002). Die Hochwasserschutzmaßnahme wurde u.a. für die Bemessungssituation eines einhundertjährlichen Hochwassers und insbesondere bei rücklaufendem Hochwasser, bei dem ein Aufstau des Grundwassers an der Spundwand erwartet werden könnte, als nicht nachteilig gegenüber der *Nullvariante* - ohne Hochwasserschutz - beurteilt. Aufbauend auf jene Untersuchungen wird die Fragestellung im Rahmen des Anwendungsbeispiels erweitert. Als Hochwasserbelastung wird das gesamte Hochwasserspektrum bis zu einem *1000*-jährlichen

Ereignis berücksichtigt und die Minimierung der Gesamtkosten automatisiert. Die Varianten der Baumaßnahme ergeben sich dabei aus dem Vorschlag verlängerter Einbindetiefen der Spundwand, im Vergleich zur *Ausgangsvariante*. Die Parametrisierung erfolgt anhand eines einzigen Parameters, der die Einbindetiefe beschreibt. Die Ergebnisse im Rahmen der Risikoanalyse und des Optimierungsverlaufs sind charakteristisch und plausibel. Das Optimum geht nicht mit einem Höchstmaß an Sicherheit einher, da auch die jährlichen Investitionskosten für die Hochwasserschutzmaßnahme in die Bewertung einfließen und die zusätzlichen Projektkosten die Reduzierung der Kosten durch Hochwasserschäden übersteigen. Die Betrachtung des zeitlichen Aufwandes für die automatische Optimierung des Anwendungsbeispiels mit nur einem Parameter ist mit etwa anderthalb Tagen recht hoch. Es gibt zwar eine umfassende und vollkommen automatisierte Beurteilung der gesamten Fragestellung, dennoch sind bei komplexeren Systemen, die zur Variantenbeschreibung mehrere Parameter benötigen, um ein Vielfaches längere Rechenzeiten erforderlich. Gegebenenfalls werden die Grenzen der Akzeptanz und der Wirtschaftlichkeit erreicht. Diese Thematik wird im Ausblick des Kapitels 7 näher diskutiert.

7 Ausblick

Die automatische Optimierung wird in dieser Dissertation als geeignetes Hilfsmittel auf der Suche nach optimalen Varianten zur Erfüllung wasserbaulicher Aufgaben bestätigt. Ein wesentlicher Beitrag zur effizienteren Beschreibung der vorgegebenen Fragestellung und damit zur Einsparung von Rechenzeit wird durch die *indirekte* Parametrisierung vorgeschlagen und geleistet. Das Anwendungsbeispiel zeigt die Möglichkeit aber auch die Grenzen der praktischen Umsetzung eines automatischen Optimierungssystems zur Beantwortung umfassender Fragestellungen im Wasserbau. Auf dem Weg zum aktuellen Stand der Technik der automatischen Optimierung als innovatives Hilfsmittel im Wasserbau gibt es noch einige, vor allem wirtschaftliche Einschränkungen und Akzeptanzschwierigkeiten, die es in Zukunft zu verbessern und zu überwinden gilt.

Das Potential zur Effizienzsteigerung durch die Reduktion der Anzahl an Parametern zur Beschreibung einer Variante ist offensichtlich und im Rahmen der Dissertation bewiesen. Es sollte stets darüber nachgedacht werden, ob eine sinnvollere und wirtschaftlichere Parametrisierung gewählt werden kann. Zudem bietet das in dieser Arbeit verwendete Optimierungssystem weitere denkbare Möglichkeiten, um den Berechnungsaufwand zu reduzieren und damit Zeit und Kosten einzusparen sowie die Akzeptanz in der Ingenieurwelt zur Anwendung eines solchen Hilfsmittels zu erhöhen. In diesem Zusammenhang sind folgende Punkte zu nennen, die eine Leistungssteigerung der automatischen Optimierung ermöglichen könnten:

Verbesserung der Programmarchitektur

Unterschiedliche Programmierumgebungen bzw. Programmiersprachen greifen in dem Optimierungssystem ineinander. Diese komplexe Verflechtung geht in der Regel auf Kosten der Rechenzeit. Eine effizientere Programmarchitektur wäre zu untersuchen und in Zusammenarbeit mit Experten zu entwickeln, um einen Zugewinn an Leistung zu erzielen. In einer anwenderfreundlichen Umgebung, die in Anlehnung an Computerprogramme auf dem aktuellen Stand der Technik entwickelt würde, würde die Akzeptanz gesteigert und der Umgang mit der automatischen Optimierung in der Ingenieurpraxis erleichtert.

Wahl des numerischen Berechnungsmodells

Neben einer Reduzierung der notwendigen Anzahl an Funktionsaufrufen durch eine geringere Anzahl an erforderlichen Parametern zur Beschreibung einer Lösung, besteht ein weiteres bedeutendes Einsparpotential in dem gewählten numerischen Modell. Je komplexer und detaillierter das numerische Modell, desto größer der Zeitbedarf zur Berechnung der hydraulischen Auswirkungen auf eine Parametervariante. Es ist somit sinnvoll, sich über den notwendigen Detaillierungsgrad des numerischen Modells zur Beschreibung der Hydraulik Gedanken zu machen. Insbesondere die Dimension des Modells spielt dabei eine entscheidende Rolle. Dazu gehören zum einen die Ausdehnung und der Diskretisierungsgrad des Modellgebietes und zum anderen die Dimension der mathematischen Formulierung hydraulischer Gleichungen im numerischen Modell. Ein eindimensionales Modell kann bei sehr viel geringerem wirtschaftlichen Aufwand viele Problemstellungen ebenso gut beantworten wie ein zwei- oder dreidimensionales Modell. Es lohnt sich, die Anforderungen an die Genauigkeit und den Detaillierungsgrad der numerisch zu ermittelnden Aussagen zu überprüfen und ggf. ein reduziertes Modell zu verwenden. Das verwendete Grundwassermodell berücksichtigt die direkten maximalen Überschwemmungsflächen durch einen Randbedingungsansatz. Im Zuge einer Modellerweiterung ist die Anwendung einer Modellkopplung eines genaueren Oberflächenmodells zur hydraulischen Berechnung der direkten Überflutungsflächen mit dem Grundwassermodell denkbar. Auch hierbei sollte der Genauigkeitsgewinn und die Einbuße der Optimierungsgeschwindigkeit abgewogen werden.

Entwicklung der Computersysteme

Mit der Weiterentwicklung der Computersysteme geht ein ständiger Gewinn an Leistungsfähigkeit für numerische Methoden einher. Die Wahl der Computerplattform oder des Betriebssystems spielt bei der Wirtschaftlichkeitsbetrachtung numerischer Methoden ebenfalls eine entscheidende Rolle. Dabei ist nicht ausschließlich der Leistungsgewinn durch die Einsparung von Rechenzeit entscheidend. Beispielsweise durch Parallelisierung oder Vektorisierung kann infolge entsprechender Programmierung oder Übersetzung der Programme ein deutlicher Leistungsgewinn erzielt werden. Insbesondere können die Programme dadurch für Großrechner und Supercomputer konditioniert werden. Der Leistungsgewinn dadurch geht jedoch in der Regel mit einem Akzeptanzverlust bei der Masse der potentiellen Anwender einher. Die automatische Optimierung wäre nahezu ausschließlich den spezialisierten Anwendern von Hochschulen und wissenschaftlichen Forschungseinrichtungen mit entsprechendem Zugang zu Hochleistungsrechnern vorbehalten. Um das Werkzeug der automatischen Optimierung auf den Weg zum aktuellen Stand der Technik und damit zur wirtschaftlichen Nutzung zu schicken, ist die Akzeptanz und Anwenderfreundlichkeit für eine breite Masse erforderlich.

Derzeit befindet sich die automatische Optimierung, wie im Rahmen dieser Dissertation gezeigt, sicher auf dem aktuellen Stand der Wissenschaft. Die Methoden sollen und können auch mit Hilfe der ausgeprägt wissenschaftlichen Methoden weiter untersucht und entwickelt werden. Das weitere Ziel muss es jedoch auch sein, die wirtschaftliche Akzeptanz der Methoden der automatischen Optimierung zu fördern und damit den aktuellen Stand der Technik zu erreichen.

Literatur

ACKERMANN, T. (1999): Optimale Regelung von Fließgewässern, Aachen: Mainz, (Mitteilungen des Lehrstuhls und Instituts für Wasserbau und Wasserwirtschaft, RWTH Aachen; 117) (Zugl.: Aachen, T.H., Diss.), ISBN 3-89653-617-6.

BACHMANN, D.; BECKER, B.; VAN LINN, A. & KÖNGETER, J. (2005): Das Groβraum-Grundwassermodell Rurscholle; Eingereicht im August 2005 zur Veröffentlichung in der Zeitschrift Grundwasser des Springer Verlages, ISSN 1430-483X; mit freundlicher Genehmigung des Landesumweltamtes NRW.

BAYERN-LFW (1998): Bayerisches Landesamt für Wasserwirtschaft: Hochwasserschadensfunktionen. München 1998.

www.bayern.de/lfw/technik/gkd/kurzinfo/untersuch/hwsf

BFG (2005): Deutsches Gewässerkundliches Jahrbuch – online: Bundesanstalt für Gewässerkunde (19.04.2005). www.dgj.de

BMU (2005): Hochwasserschutzgesetz (Gesetz zur Verbesserung des vorbeugenden Hochwasserschutzes), in Kraft getreten: 10. Mai 2005. www.bmu.de

BORTZ, J. (1993): Statistik für Sozialwissenschaftler: Vierte Auflage. Springer, Berlin.

BRUCK, W. (2004): Monetary Evaluation of Flood Damage. In: Disasters and Society. Logos-Berlin, pp. 123-127. – ISBN 3-8325-0585-7.

BWK (2001): Bund der Ingenieure für Wasserwirtschaft, Abfallwirtschaft und Kulturbau e.V. (Hrsg.): Hochwasserschadenspotenziale. BWK-Bericht 1/2001. Düsseldorf 2001.

DARWIN C. (1859): On the Origin of Species by Means of Natural Selection: or the Preservation of Favoured Races in the Struggle for Life, London: John Murray.

DEMNY, G. (2004): Erschließung der automatischen Strömungsoptimierung zur Lösung von Gestaltungsaufgaben im Wasserbau, Aachen: Shaker, (Mitteilungen des Lehrstuhls und Instituts für Wasserbau und Wasserwirtschaft, RWTH Aachen; 137) (Zugl.:Aachen, T.H., Diss.).

DEMNY, G.; HOMANN, C.; SHOEMAKER, C. & KÖNGETER, J. (2002): Automatische Optimierung, ein Werkzeug für die Auslegung umströmter Bauwerke. In: Internationales Symposium: Moderne Methoden und Konzepte im Wasserbau, Zürich, 7.-9. Oktober 2002 / Herausgegeben von H.-E. Minor. Bd. 1. Versuchsanstalt für Wasserbau, Hydrologie und Glaziologie (VAW) der ETH Zürich (Mitteilungen / Versuchsanstalt für Wasserbau, Hydrologie und Glaziologie der Eidgenössischen TH Zürich; 174), S. 163-172. - ISSN 0374-0056.

DORGARTEN, H.-W., DANIELS, H. & ROUVÉ, G. (1989): Simulation von Sicherungs- und Sanierungsmaßnahmen zum Schutz des Grundwassers im Umfeld der Deponie Georgswerder.- Wasser u. Boden, 9: S. 531-544.

DVWK (1999): Statistische Analyse von Hochwasserabflüssen. DVWK Merkblätter zur Wasserwirtschaft Heft 251. Hamburg, Paul Parey.

FORKEL C. (2004): Numerische Modelle für die Wasserbaupraxis. Grundlagen, Anwendungen, Qualitätsaspekte, Aachen: Shaker, (Mitteilungen des Lehrstuhls und Instituts für Wasserbau und Wasserwirtschaft, RWTH Aachen; 130) (Zugl.: Aachen, T.H., Habil.-Schr., 2003), ISBN 3-8322-3082-3.

GOCHT, M. (2003): Weather Derivatives as Flood Protection Schemes. Design of Precipitation Derivatives and Application on Corporate and Municipal Level. MBA Master Thesis, Anglia Polytechnic University Cambridge, Berlin School of Economics

GOLDBERG D.E. (1989): Genetic Algorithms in Search, Optimization & Machine Learning, Addison-Wesley Publishing Company, Inc., ISBN 0-201-15767-5.

GUMBEL, E. J., (1958): Statistics of Extremes. Columbia University Press, New York.

GWDLR: (1997): Das Integrierte Rheinprogramm – Hochwasserschutz und Auenrenaturierung am Oberrhein.

HANSEN, N., & OSTERMEIER, A. (2001): Completely Derandomized Self-Adaptation in Evolution Strategies. Evolutionary Computation 9, Number 2:159-195.

HANSEN N. & OSTERMEIER A. (1996): Adapting Arbitrary Normal Mutation Distribution in Evolution Strategies: The Covariance Matrix Adaption, in: Proceedings of the 1996 International Conference on Evolutionary Computaion (ICEC '96), S. 312–317.

HANSEN, N., & OSTERMEIER, A. (1997): Convergence Properties of Evolution Strategies with the Derandomized Covariance Matrix Adaptation: The (μ/μI, λ)-CMA-ES. In: H.-J. Zimmermann (Ed.), 5th European Congress on Intelligent Techniques and Soft Computing (EUFIT'97), S. 650-654. Aachen, Germany: Verlag Mainz.

HANSEN N.; OSTERMEIER A. & GAWELCZYK A. (1995): On the Adaptation of Arbitrary Normal Mutation Distributions in Evolution Strategies: The Generating Set Adaptation, in: Proceedings of the 6th International Conference on Genetic Algorithms, Morgan Kaufmann Publishers Inc., S. 57–64, ISBN 1-55860-370-0.

HOMANN, C. (2004): Hochwasserschutzmaßnahmen im Grundwasser - Automatische Optimierung einer Grundwasserhaltung im Einflussgebiet des Polder Worringen. In: Hochwasserschutz: eindeichen oder ausweichen / 34. IWASA, Internationales Wasserbau Symposium Aachen 2004. [Aachen]: (Technische Hochschule Aachen / Lehrstuhl und Institut für Wasserbau und Wasserwirtschaft: Mitteilungen; (in Bearbeitung).

HSIAO, C. T. & CHANG, L. C. (2002): Dynamic Optimal Groundwater Management with Inclusion of Fixed Costs, in: Journal of Water Resources Planning and Management, Band 1, S. 57 – 65.

IAHS (1996): Calibration and Reliability in Groundwater Modelling International Association of Hydrological Sciences, Edited by Karl Kovar & Paul van der Heijde IAHS Publication no. 237, Series of Proceedings and Reports ISBN 0-947571-94-9.

IKSR, Herausgeber (1998): Aktionsplan Hochwasser, Internationale Kommission zum-Schutze des Rheins (IKSR).

IKSR, Herausgeber (2002): Hochwasservorsorge – Maßnahmen und ihre Wirksamkeit, Internationale Kommission zum Schutze des Rheins (IKSR), ISBN 3-935324-44-8.

IRMA-SPONGE (2002): Zu einem nachhaltigen Management des Hochwasserrisikos in den Einzugsgebieten von Rhein und Maas – Die wichtigsten Ergebnisse, NCRPublication 18D-2002, ISSN 1568-234X.

JENSEN, J.; TORSTEN, F; ZIMMERMANN, C. ET. AL. (2003): Neue Verfahren zur Abschätzung von seltenen Sturmflutwasserständen. Häfen und Wasserstrassen – Küsteningenieurwesen; HANSA – Schifffahrt – Schiffbau – Hafen – 140. Jg.; 2003; Nr. 11.

KINZELBACH W. & RAUSCH R. (1995): Grundwassermodellierung, Berlin [u.a.]: Gebrüder Borntraeger, ISBN 3-443-01032-6.

KÖNGETER, J. ;VOGEL, T. & SCHMIDTKE, T. (2002):Wissenschaftliche Modelluntersuchung zum Grundwasserverhalten bei der Einrichtung eines Hochwasserschutzes am Weißer Bogen, Köln; Aachen: Lehrstuhl und Institut für Wasserbau und Wasserwirtschaft der RWTH (Projektbericht, erstellt i.A. der Bezirksregierung Köln). (http://www.iww.rwth-aachen.de/research/outlines/weisser_bogen.pdf.de)

KRAUS, K. & PHARION, H. (2004): Flutpolder – Bausteine für einen nachhaltigen Hochwasserschutz in Bayern, in: Wasser und Abfall, Band 11(6), ISSN 1436-9095.

MERZ, B., KREIBICH, H., THIEKEN, A. & SCHMIDTKE, R. (2004): Estimation uncertainty of direct monetary flood damage to buildings. In: Natural Hazards and Earth System Sciences (2004) 4: 153-163. Sref-ID: 1684-9981/nhess/2004-4-153. © European Geosciences Union 2004.

MURL – NRW (2000): Potentielle Hochwasserschäden am Rhein in NRW. Ministerium für Umwelt, Raumordnung und Landwirtschaft, NRW. www.murl.nrw.de

OSTERMEIER, A.: (1997): Schrittweitenadaption in der Evolutionsstrategie mit einem entstochastisierten Ansatz, (Diss.-Schrift), Technische Universität Berlin, Berlin.

OSTERMEIER, A.; GAWELCZYK, A. & HANSEN N. (1994): A Derandomized Approach to Self Adaptation of Evolution Strategies, in: Evolutionary Computation 2(4), S. 369-380.

OSTROWSKI, M. W. (1982): Ein Beitrag zur kontinuierlichen Simulation der Wasserbilanz, Aachen: Mainz, (Mitteilungen des Lehrstuhls und Instituts für Wasserbau und Wasserwirtschaft, RWTH Aachen; 42) (Zugl.: Aachen, T.H., Diss.), ISBN 3-88345-254-8.

RECHENBERG I. (1973): Evolutionsstrategie: Optimierung technischer Systeme nach Prinzipien der biologischen Evolution, Stuttgart-Bad Cannstadt: Frommann-Holzboog, ISBN 3-7728-0373-3.

SCHMIDTKE, R. F. (1995): Sozio-ökonomische Schäden von Hochwasserkatastrophen. In: Darmstädter Wasserbau-Mitteilungen H. 40.

SCHROEREN, M. (2003): (Anmerkungen zum) Gesetz zur Verbesserung des vorbeugenden Hochwasserschutzes.
www.innovations-report.de/ html/berichte/umwelt_naturschutz/bericht-20437.html

SCHWEFEL, H.P. (1981): Numerical Optimization of Computer Models, Chichester: John Wiley and Sons, ISBN 0-471099-88-0. Smith, D. I. (1994): Flood damage estimation – A review of urban stage-damage curves and loss functions, Water SA, 20(3), 231–238.

SOMMER, T. (2004): Das unsichtbare Hochwasser – Auswirkungen des Augusthochwassers auf das Grundwasser im Stadtgebiet Dresden, in: Hochwasserschutz – eindeichen oder ausweichen / 34. IWASA, Internationales Wasserbau-Symposium Aachen 2004, Aachen: Shaker, (Mitteilungen des Lehrstuhls und Instituts für Wasserbau und Wasserwirtschaft, RWTH Aachen; 136).

SPEARS W.; JONG K.A.D.; BÄCK T.; FOGEL D. & DE GARIS H. (1993): An Overview of Evolutionary Computation, in: BRAZIL P., Herausgeber, Proceedings of European Conference on Machine Learning (ECML-93), New York, NY, USA: Springer, S. 442–459.

THE MATHWORKS INC.: (2004): *MATLAB Programming*, The MathWorks Inc.. www.mathworks.de/access/techdoc

TUNG, Y.-K. (2002): Risk-based design of flood defense systems; Keynote Lecture: Flood Defence, 2002; Hrsg.: Wu et. al.; Science Press, New York Ltd., ISBN 1-880132-54-0.

VAN LINN, A.(2005) Automatic Optimization of a Flood Defence Measure with Elemental Parametrization; Proceedings, XXXI International Association of Hydraulic Engineering and Research (IAHR) Congress, Seoul, Korea, September 11th to 16th, 2005; ISBN CD-rom 89-87898-23-7 93530.

VAN LINN, A. & KÖNGETER, J. (2005): Automatic Optimization of a Rhine Dike with a Sheet Pile Wall as a Flood Defence Measure; Proceedings, Third International Symposium on Flood Defence, ISFD3, 25 -27 May 2005, Nijmegen, The Netherlands; ISBN Buch 0415383366; ISBN CD-rom 0415383358.

VAN LINN, A. (2004): Automatische Optimierung der Grundwasseranreicherung im Einflussgebiet des Tagebaus Garzweiler: 6. JuWi-Treffen, RWTH-Aachen, Proceedings. www.rwth-aachen.de/iww/juwi

WILLIS M. & SHOEMAKER, C. A. (2000): Engineered PCE Dechlorination Incorporating Competitive Biokinetics: Optimization an Transport Modelling, Battelle Press, Columbus, Ohio.

YOON, J. H. & SHOEMAKER, C. A (1999): Comparison of Optimization Methods for-Ground-Water Bioremediation, in: Journal of Water Resources Planning and Management, Band 125(1), S. 54–63.

ZIELKE, W. (1999): Wegweiser durch numerische Modelle, in: Numerische Modelle von Flüssen, Seen und Küstengewässern / Zusammenstellung v. W. Zielke, Bonn: Wirtschafts- und Verl.- Ges., (Deutscher Verband für Wasserwirtschaft und Kulturbau e.V. (DVWK): Schriftenreihe; 127), ISBN 3-89554-099-4.

ZIPFEL, K.; FRIED, R. & KNÖTSCHKE, D.: (1997): Retentionsraum zur Hochwasserrückhaltung Langeler Bogen in Köln-Porz/Langel - Vorstudie, Grundwasserhydraulisches Gutachten, Technischer Bericht, Technologieberatung Grundwasser und Umwelt GmbH, Koblenz, im Auftrag der Stadt Köln.

Bisher erschienene Mitteilungen des Instituts für Wasserbau und Wasserwirtschaft

1. Buntru, Alfred
Tätigkeitsbericht aus dem Institut für gewerblichen Wasserbau (Wasserbaulaboratorium)
(vergriffen)

2. Wölfel, Eilhard
Entwicklung einer neuartigen Anlage zur Ausscheidung körniger Schwerstoffe aus Wasser
(vergriffen)

3. Gerndt, Rolf Dieter
Beitrag zur Untersuchung der Bewegungsvorgänge in Tosbecken mit geradliniger, allmählicher Erweiterung
(vergriffen)

4. Indlekofer, Horst
Beitrag zur Bestimmung des Einflusses einer Ecke auf die Überfalleistung eines im Grundriß aus geraden Teilstücken bestehenden Schachtüberfalles
(vergriffen)

5. Olbrisch, Heinz-Dieter
Statistische Methoden in der Gewässerkunde und ihre Anwendung. Arbeitsheft
(vergriffen)

6. Unser, Klaus
Zur Frage der Berechnung und Betriebssicherheit von Heberwehren mit kleiner und wechselnder Fallhöhe
(vergriffen) € 15,40

7. versch. Vorträge
Wasserbau-Seminar Sommersemester 1973
(vergriffen) € 10,30

8. Olbrisch, Heinz-Dieter
Beitrag zur Methodik der Datenanalyse bei Lysimeteruntersuchungen
(vergriffen) € 24,60

9. versch. Vorträge
Wasserbau-Seminar Wintersemester 1973/74 („Wasserbauliche Aufgaben in Entwicklungsländern")
(vergriffen) € 10,30

10. versch. Vorträge
Wasserbau-Seminar Wintersemester 1974/75 („Lösungsmethoden der Kraftwerksausbauplanung")
(vergriffen) € 15,40

11. versch. Vorträge
Wasserbau-Seminar Wintersemester 1975/76 („Talsperren und Rückhaltebecken - Entwurf, Ausführung, Betrieb")
(vergriffen) € 19,50

12. Langer, Ulrich
Kurzfristige Einsatzplanung von Wasserkraftanlagen im hydrothermischen Verbundnetz
(vergriffen) € 19,50

13. Çeçen, Kazim
Bretschneider, Hans
Indlekofer, Horst
Wasserfassung aus Gebirgsflüssen und über die Bemessung und Berechnung der Absetzbecken für Wasserkraftanlagen. Zur Bemessung von kreisförmigen Fallschächten. Zum hydraulischen Einfluß von Pfeileraufbauten bei Überfall-Entlastungsanlagen
(vergriffen) € 10,30

14. Tödten, Hans
Ein Analogiemodell für den Feststofftransport bei der Hangerosion
(vergriffen) € 10,30

15. Rohde, Fritz G.
Zoller, Ernst Christian
Indlekofer, Horst
Meenakshisundaram, Skrikantan
Hydraulische Pumpspeicher, Bestandsaufnahme und Entwicklungstendenzen. Resonanzverhalten von hydraulischen Meßleitungen bei dynamischen Drücken
(vergriffen) € 10,30

16. Kremer, Robert
Ausbildung und Bewegung der Interface Süß- zu Salzwasser in Grundwasserleitern unter dem Einfluß natürlicher und künstlicher Anreicherung
(vergriffen) € 10,30

17. Schmitz, Johannes
Berechnung des vollkommenen Überfalles über eine gerade Krone bei räumlicher Anströmung
(vergriffen) € 10,30

18. versch. Vorträge
Wasserbau-Seminar Wintersemester 1976/77 („Talsperren- und Dammschäden - Ursachen und Sanierungen")
(vergriffen)

19. Takagi, Fusetsu
Indlekofer, Horst
Rohde, Fritz G.
Langer, Ulrich
Variation and Changing Processes of Recession Characteristics in Watersheds. A Study of the Numerical Stability of Four-point Implicit Water Wave Models. Short Term Operation of Hydro-electric Power Systems Including Pumped Storage
(vergriffen) € 10,30

20. Lütkestratkötter, Herbert
Numerische Behandlung von Wärmeausbreitungsvorgängen in durchströmten porösen Medien nach der Methode der finiten Elemente
(vergriffen) € 10,30

21. Griethe, Hans Peter
Beitrag zur Bestimmung der Wärmetransporteigenschaften von nichtbindigen Böden unter besonderer Berücksichtigung des teilgesättigten Zustandes
(vergriffen) € 15,40

22. versch. Vorträge
Wasserbau-Seminar Wintersemester 1977/78 („Konstruktive und rechnerische Detailfragen im Talsperrenbau")
(vergriffen) €19,50

23. Arafa, Fawzy
Khalik, Abdel
Sohlausbildung und Gesamtsedimenttransport in natürlichen Gewässern unter Berücksichtigung der Kornverteilung und der Dichte des Sohlmaterials
(vergriffen) € 15,40

24. Raetsch, Walter und
Hoffmann, Heinz-Günter
Seyberth, Max
Indlekofer, Horst und
Rouvé, Gerhard
Die Rurtalsperre Schwammenauel bei Heimbach/Eifel. Flußbau, Wildbach- und Lawinenverbauung, dargestellt an einigen ausgeführten Beispielen. Betrachtungen zum katastrophalen Hochwasserabfluß
(vergriffen) € 15,40

25. Indlekofer, Horst
Obendorf, Klaus
Zur Konvergenz numerisch-mathematischer Modelle für eindimensionale Flachwasserwellen nach dem impliziten Vierpunkt-Differenzenverfahren Rauhigkeitsverhalten und Ermittlung von Rauhigkeitsbeiwerten beim naturnahen Ausbau der Gewässer
(vergriffen) € 15,40

26. versch. Vorträge
Wasserbau-Seminar Wintersemester 1978/79 („Baustoffe im Wasserbau - Anwendung und Neuentwicklung")
(vergriffen) € 24,60

27. Heinemann, Ekkehard
Beitrag zur Vermeidung der Wirbelbildung vor Tauchwänden
(vergriffen) € 15,40

28. Stössinger, Wolfgang
Beschreibung der Hydrodynamischen Dispersion mit der Methode der finiten Elemente am Beispiel der instationären Interface zwischen Süß- und Salzwasser in Grundwasserleitern
(vergriffen) € 10,30

29. Rohde, Fritz G.
Indlekofer, Horst
Elango, Kasiviswanathan
Self-excited oscillatory surface waves around cylinders. Contribution on convergence of implicit bed transient models. Finite element-based optimization and numerical simulation models for groundwater systems
(vergriffen) € 15,40

30. Raetsch, Walter
Über die Kapazitätserweiterung von Talsperren
(vergriffen) € 15,40

31. versch. Vorträge
Wasserbau-Seminar Wintersemester 1979/80 („Rückhaltebecken")
(1980, 249 Seiten) € 19,50

32. Ferreira Filho,
Walter Martins
Ein relationales wasserwirtschaftliches Datenbanksystem
(1980, 156 Seiten) € 15,40

Bisher erschienene Mitteilungen des Instituts für Wasserbau und Wasserwirtschaft

33. Pelka, Walter
Mathematisch-numerische Behandlung von instationären Grundwasserbewegungen in großen Einzugsgebieten
(vergriffen)

34. Rouvé, Gerhard und Weiß, Peter Indlekofer, Horst
Einsatz von aktiven Bildschirm-Ein- und Ausgabegeräten zur optischen Simulation von Problemen in Hydrologie, Wasserwirtschaft und Wasserbau. Zur numerischen Stabilität von mathematischen Modellen für Geschiebewellen
(1981, 189 Seiten) € 15,40

35. Indlekofer, Horst Stössinger, Wolfgang
Zur Frage des Formbeiwertes und der Überlagerung von Rauhigkeitseinflüssen, erläutert am Beispiel der Ringspaltströmung. Möglichkeiten eines Einsatzes der Computer-Simulation im Curriculum für Wasserbauingenieure
(1981, 98 Seiten) € 10,30

36. versch. Vorträge
Wasserbau-Seminar Wintersemester 1980/81 („Fließgewässer und Kanäle")
(1981, 397 Seiten) € 24,60

37. Pelka, Walter Indlekofer, Horst
Zwei-Brunnen-Speichersysteme zur Wärmespeicherung in oberflächennahen Grundwasserleitern. Überlagerung von Rauhigkeitseinflüssen beim Abfluß in offenen Gerinnen
(1981, 145 Seiten) € 10,30

38. Schulz, Wolfgang W. G.
Ein Planspiel für die regionale Wasserwirtschaft
(1982, 159 Seiten) € 15,40

39. Babanek, Roland
Zur Elektrifizierung ländlicher Gebiete in Entwicklungsländern unter besonderer Berücksichtigung von Kleinwasserkraftanlagen
(1982, 260 Seiten) € 19,50

40. Traut, Fritz-Josef
Prozeßrechneranwendung im wasserbaulichen Versuchswesen
(1982, 160 Seiten) € 15,40

41. versch. Vorträge
Wasserbau-Seminar Wintersemester 1981/82 („Grundwasser - Schutz und Nutzung")
(1982, 331 Seiten) € 24,60

42. Ostrowski, Manfred Walter
Ein Beitrag zur kontinuierlichen Simulation der Wasserbilanz
(1982, 188 Seiten) € 15,40

43. Stein, Uwe
Zur Untersuchung der Strömungskavitation unter Berücksichtigung von Turbulenz, Wirbelbildung und Blasendynamik
(1982, 321 Seiten) € 24,60

44. versch. Vorträge
Wasserbau-Seminar Wintersemester 1982/83 („Landwirtschaftlicher Wasserbau")
(1983, 321 Seiten) € 24,60

45. Evers, Peter
Untersuchung der Strömungsvorgänge in gegliederten Gerinnen mit extremen Rauheitsunterschieden
(1983, 216 Seiten) € 15,40

46. Drabik, Krzysztof A.
Hydro-thermischer Kraftwerksausbau - Suchverfahren und Optimierung im Methodenvergleich
(1983, 159 Seiten) € 15,40

47. Pelka, Walter
Stoff- und Wärmetransport in gesättigter - ungesättigter Grundwasserströmung
(1983, 214 Seiten) € 15,40

48. Biener, Ernst
Zur Sanierung älterer Gewichtsstaumauern
(1983, 141 Seiten) € 10,30

49. Sacher, Hartmut P.
Berücksichtigung von Unsicherheiten bei der Parameterschätzung für mathematisch-numerische Grundwassermodelle
(vergriffen)

50. versch. Vorträge
Wasserbau-Seminar Wintersemester 1983/84 („Erfahrung mit Staubauwerken - Planung, Betrieb, Alterung und Ertüchtigung")
(1984, 402 Seiten) € 24,60

51. Krause-Klein, Thomas
Schwimmstoffrückhalt an festen Tauchwänden unter besonderer Berücksichtigung der Wirbelbildung
(1984, 179 Seiten) € 15,40

52. Pasche, Erik
Turbulenzmechanismen in naturnahen Fließgewässern und die Möglichkeit ihrer mathematischen Erfassung
(vergriffen)

53. Rabben, Stephan L.
Untersuchung der Belüftung an Tiefschützen unter besonderer Berücksichtigung von Maßstabseffekten
(1984, 197 Seiten) € 15,40

54. Pelka, Walter und Schröder, Dietrich
Variationsverfahren und Verfahren gewichteter Residuen zur Berechnung stationärer Strömungsvorgänge in verzweigten und vermaschten Rohrleitungssystemen
(1984, 169 Seiten) € 15,40

55. Robinson, Stephen
Ein zeitvariantes Übertragungsfunktionsmodell zur Beschreibung von Niederschlag-Abfluß-Prozessen
(vergriffen)

56. versch. Vorträge
Wasserbau-Seminar Wintersemester 84/85 („Wasserkraftanlagen")
(vergriffen) € 24,60

57. Scheuer, Lothar
Theoretische und experimentelle Untersuchungen zum Kavitationsbeginn an Oberflächenrauheiten
(vergriffen)

58. versch. Vorträge
Zweite Aachen - Lütticher Hochschultage
(1986, 151 Seiten) € 15,40

59. Kerzel, Christian
Komponenten des Stofftransportes in Porengrundwasserleitern
(1986, 186 Seiten) € 15,40

60. versch. Vorträge
Wasserbau-Seminar Wintersemester 85/86 („Gewässerausbau")
(1986, 304 Seiten) € 24,60

61. Heidermann, Henning
Datenfehler bei mathematisch-numerischen Grundwassermodellen - Input-Sensitivität und Kalman-Filter
(vergriffen)

62. Els, Heinrich
Zum Entwurf der Auslaufbauwerke von Pumpturbinen in Schachtkraftwerken
(vergriffen)

63. Simons, Veronika M.
Informationsanalyse für die wasserwirtschaftliche Rahmenplanung
(1987, 222 Seiten) € 15,40

64. Hänscheid, Peter
Zur digitalen Bildverarbeitung bei wasserbaulichen Strömungsuntersuchungen
(1987, 225 Seiten) € 15,40

65. Bogacki, Wolfgang
Optimale Bewirtschaftung von Süß-Salzwasser Aquiferen
(1987, 176 Seiten) € 15,40

66. versch. Vorträge
Wasserbau-Seminar Wintersemester 86/87 („Grundwassermodelle in der Praxis")
(vergriffen)

67. Arnold, Uwe
Zur bilddaten- und modellgestützten Bestimmung der Schadstoffausbreitung in naturnahen Fließgewässern
(1987, 290 Seiten) € 19,50

68. Schog, Christoph
HYDAMOS - Ein Informationssystem für die Wasserwirtschaft
(1987, 126 Seiten) € 15,40

69. Peters, Alexander
Vektorisierte Behandlung von Finiten Elementen für die Grundwassermodellierung
(1988, 112 Seiten) € 15,40

Bisher erschienene Mitteilungen des Instituts für Wasserbau und Wasserwirtschaft

70. Pelka, Barbara
Modelle zur Berechnung mehrschichtiger Grundwasserleiter auf der Basis von finiten Elementen
(1988, 179 Seiten) € 15,40

71. versch. Vorträge
Wasserbau-Seminar Wintersemester 87/88 („Wasserbau und Landschaftspflege")
(1988, 328 Seiten) € 24,60

72. Schulte, Hendrik
Zur numerischen Simulation abgelöster turbulenter Strömungen mit der Finite-Elemente Methode
(1989, 183 Seiten) € 15,40

73. Dorgarten, Hans-Wilhelm
Das Verhalten hydrophober Stoffe in Boden und Grundwasser
(vergriffen) € 15,40

74. Kolder, Wilhelm
Die Bedeutung der Wasserwirtschaft im Bereich des Steinkohlebergbaus am Beispiel des Ruhrbergbaus
(1989, 181 Seiten) € 15,40

75. versch. Vorträge
Wasserbau-Seminar Wintersemester 88/89 („Informationsverarbeitung in der Praxis von Wasserbau und Wasserwirtschaft")
(1989, 311 Seiten) € 24,60

76. Stein, Claus Jürgen
Mäandrierende Fließgewässer mit überströmten Vorländern - Experimentelle Untersuchung und numerische Simulation
(vergriffen) € 15,40

77. Daniels, Helmut
Numerische Berechnung instationärer Strömungsvorgänge in Wärmespeichern
(1990, 281 Seiten) € 19,50

78. versch. Vorträge
Wasserbau-Seminar Wintersemester 89/90 („Stauanlagen im Wandel der Anforderungen")
(vergriffen) € 24,60

79. Nacken, Heribert
Operationelle Abflußvorhersage mit Echtzeit-Simulationssystemen unter Einbezug des Kalman Filters
(1990, 159 Seiten) € 15,40

80. Ritterbach, Eckard
Wechselwirkungen zwischen Auenökologie und Fließgewässerhydraulik und Möglichkeiten der integrierenden computergestützten Planung
(vergriffen)

81. versch. Vorträge
Wasserbau-Seminar Wintersemester 90/91 („Schadstofftransport in Grund- und Oberflächengewässern")
(vergriffen) € 24,60

82. Weiss, Peter
Ein Beitrag zur Planung und Projektierung von Kleinwasserkraftanlagen
(1992, 270 Seiten) € 19,50

83. Beyene, Mekuria
Ein Informationssystem für die Abschätzung von Hochwasserschadenspotentialen
(1992, 147 Seiten) € 10,30

84. Patt, Michael
Planung und Ausführung von Flußumleitungen im Talsperren- und Flußkraftwerksbau
(1992, 197 Seiten) € 15,40

85. versch. Vorträge
Wasserbau-Symposium Wintersemester 91/92 („Ökologie und Umweltverträglichkeit")
(1992, 373 Seiten) € 24,60

86. Höttges, Jörg
Zur Methodik der numerischen Simulation von Stoffausbreitungsvorgängen in Fließgewässern
(1992, 121 Seiten) € 10,30

87. Ruland, Peter
Numerische Simulation des Sedimenttransports unter Verwendung eines objektorientierten Geographischen Informationssystems
(1993, 180 Seiten) € 15,40

88. versch. Vorträge
Wasserbau-Symposium Wintersemester 1992/93 (Kritische Situationen an Gewässern)
(1993, 342 Seiten) € 24,60

89. Eichner, Horst
Ein integriertes Programmverwaltungs- und Informationssystem für großräumige wasserwirtschaftliche Planungen
(vergriffen) € 19,50

90. versch. Vorträge
Feststofftransport und Gewässerökologie - Möglichkeiten der Berechnung und Risikobewertung
(vergriffen) € 22,50

91. Feldhaus, Rainer
Zur hydrodynamisch-numerischen Simulation von Mischwasserspeichern
(1993, 150 Seiten) € 15,40

92. Mohn, Rainer
Zur Modellähnlichkeit des Kavitationsbeginns in abgelöster turbulenter Strömung
(1994, 184 Seiten) € 15,40

93. Birkhölzer, Jens
Numerische Untersuchungen zur Mehrkontinuumsmodellierung von Stofftransportvorgängen in Kluftgrundwasserleitern
(1994, 232 Seiten) € 19,50

94. Honert, Reinhard
Altlast-Datenverarbeitung mit wissensbasierten Informationssystemen
(1994, 222 Seiten) € 19,50

95. Braxein, Axel
Dreidimensionaler Modellierung von Mehrphasenströmungs- und Stofftransportvorgängen in porösen Medien
(1995, 120 Seiten) € 13,30

96. versch.Vorträge
Wasserbausymposium 1993/94: Umweltverträglichkeitsprüfung, Umweltverträglichkeitsuntersuchung und moderne Informationstechnologie in der Praxis
(1995, 306 Seiten) € 24,60

97. Höttges, Jörg
Zum Einfluß von Querschnitts- und Rauheitsgliederung auf den Ausbreitungsvorgang in Gerinneströmungen
(1995, 128 Seiten) € 13,30

98. Romunde, Bernd
Zur inversen Modellierung großräumiger Multiaquifer-Systeme
(1995, 154 Seiten) € 15,40

99. Hoffmann, Markward
Automatische Generierung von FE-Netzen für Scheibenkonstruktionen am Beispiel von Gewichtsstaumauern
(1995, 195 Seiten) € 15,40

100.
noch nicht erschienen

101. Leucker, Roland
Analyse instationärer Strömungsphänomene zur Vorhersage des Kavitationsbeginns
(1995, 151 Seiten) € 15,40

102. Forkel, Christian
Die Grobstruktursimulation turbulenter Strömungs- und Stoffausbreitungsprozesse in komplexen Geometrien
(1995, 195 Seiten) € 19,50

103. Jokiel, Christian
Gewässergütesimulation natürlicher Fließgewässer
(1995, 135 Seiten) € 15,40

104. versch. Vorträge
Wasserbausymposium 1994/95: Hochwasser – Naturereignis oder Menschenwerk?
(1997, 264 Seiten) € 30,60

105. versch. Vorträge
Wasserbausymposium 1995/96: Computationals Fluid Dynamics – Bunte Bilder in der Praxis?
(1997, 292 Seiten) € 38,90

106. Kuck, Andreas
Zur Modellierung der Zwei-Phasen-Strömung koagulierender Stoffe in Scherkraftabscheidern
(1997, 160 Seiten) € 20,30

Bisher erschienene Mitteilungen des Instituts für Wasserbau und Wasserwirtschaft

107. Haase, Michael
Raumbezogene Datenstrukturen für die hydrologische Modellierung
(1997, 184 Seiten) € 23,50

108. Schröder, Paul-Michael
Zur numerischen Simulatione turbulenter Freispiegelströmungen mit ausgeprägt dreidimensionaler Charakteristik
(1997, 160 Seiten) € 20,30

109. Lehmkühler, Arno
Zur Sicherheit von Talsperren im Hochwasserfall
(1997, 168 Seiten) € 20,30

110. Chen, Dahong
Numerische Simulation von Strömungsvorgängen mit der „Arbitrary Lagrangion Eulerian Method" (ALE-Methode)
(1997, 168 Seiten) € 20,30

111. versch. Vorträge
Wasserbausymposium 1997: Wasserbau – Architektur der Landschaft
(1997, 376 Seiten) € 39,90

112. Boettcher, Roland
Integrale Entwicklungsplanung für Stromlandschaften
(1997, 292 Seiten) € 26,60

113. Opheys, Stefan
Numerische Untersuchungen zur Dispersion in anisotrop heterogenen, porösen Medien
(1997, 194 Seiten) € 23,50

114. Spork, Volker
Erosionsverhalten feiner Sedimente und ihre biogene Stabilisierung
(1997, 184 Seiten) € 23,50

115. versch. Vorträge
Wasserbausymposium 1998: Wasserwirtschaftliche Systeme. Konzepte, Konflikte, Kompromisse
(1998, 498 Seiten) € 45,50

116. Bodarwé, Josef H.
Physikalische und Numerische Untersuchungen zum Einfluß sekundärer Strömungseffekte auf die Permeabilität von Einzeltrennflächen
(1999, 168 Seiten) € 20,30

117. Ackermann, Thomas
Optimale Regelung von Fließgewässern
(1999, 152 Seiten) € 20,30

118. Jansen, Dietmar
Identifikation des Mehrkontinuum-Modells zur Simulation des Stofftransportes in multiporösen Festgesteinsaquiferen
(1999, 272 Seiten) € 26,60

119. Bergen, Olaf
Die Large-Eddy Simulation von Strömungen in natürlichen Seen und Talsperrenspeichern mit der Finite Elemente Methode
(1999, 144 Seiten) € 20,30

120. versch. Vorträge
Internationales Wasserbausymposium Aachen 1999: Flüsse- Von der Quelle bis ins Meer
(1999, 260 Seiten) € 39,90

121. versch. Vorträge
Internationales Wasserbausymposium Aachen 2000: Verkehrswasserbau
(2000, 383 Seiten) € 39,90

122. Buchholz, Oliver
Hydrologische Modelle – Theorie der Modellbildung und Beschreibungssystematik
(2001, 326 Seiten) € 35,30

123. Gitschel, Christoph
Computergestützte Generierung hydrologischer Simulationsmodelle
(2001, 176 Seiten) € 35,30

124. versch. Vorträge
Internationales Wasserbausymposium Aachen 2001: Wasser – Katastrophe – Mensch
(2001, 332 Seiten) € 39,90

125. Jansen, Christoph
Numerische Untersuchung des Dichteeinflusses auf das Dispersionsverhalten in heterogenen porösen Medien
(2001, XIX, 138 Seiten) € 35,30

126. Baur, Tillmann
Zum Einfluss kohärenter Wirbelstrukturen auf den Kavitationsbeginn in einer turbulenten Scherschicht
(2002, XXII, 123 Seiten) € 35,30

127. versch. Vorträge
Internationales Wasserbausymposium Aachen 2002: Gewässergüte: Mechanismen – Modelle – Methoden
(2002, XVII, 397 Seiten) € 39,90

128. Liem, Rosi
Zur Verwendung der Flachwassertheorie bei der Simulation von Dammbruchwellen
(2003, XXI, 166 Seiten) € 35,30

129. Schlaeger, Frank
Gewässergütesimulation von Fließgewässern als Grundlage der langfristigen Flussgebietsbewirtschaftung
(2003, XXV, 201 Seiten) € 35,30

130. Forkel, Christian
Numerische Modelle für die Wasserbaupraxis: Grundlagen, Anwendungen und Qualitätsaspekte
(2004, XXXII, 409 Seiten) € 49,80

131. versch. Vorträge
Internationales Wasserbausymposium Aachen 2003: Trends der Wasserwirtschaft – reagieren oder agieren
(2004, XVI, 366 Seiten) € 32,80

132. Sewilam, Hani
NeuroFuzzy Modeling for Conflict Resolution in Irrigation Management
(2004, XVI, 163 Seiten) € 48,80

133. Baalousha, Husam Musa
Risk Assessment and Uncertainty Analysis in Groundwater Modelling
(2004, XVI, 153 Seiten) € 48,80

134. Detering, Michael
Modellgestützte Regelung von Stauhaltungssystemen und Laufwasserkraftanlagen
(2004, XVIII, 230 Seiten) € 49,80

135. Schwanenberg, Dirk
Die Runge-Kutta-Discontinuous-Galerkin-Methode zur Lösung konvektionsdominierter tiefengemittelter Flachwasserprobleme
(2004, XVIII, 160 Seiten) € 48,80

136. versch. Vorträge
Internationales Wasserbausymposium Aachen 2004: Hochwasserschutz - eindeichen oder ausweichen
(2005, XIV, 311 Seiten) € 32,80

137. Demny, Gerd
Erschließung der automatischen Strömungsoptimierung zur Lösung von Gestaltungsaufgaben im Wasserbau
(2005, XXII, 203 Seiten) € 49,80

138. Schramm, Jens
Eindimensionale Berechnung instationärer und diskontinuierlicher Strömungen in abflussschwachen naturnahen Fließgewässern
(2005, XX, 216 Seiten) € 49,80

139. Rettemeier, Katja
Strömungsphänomene in Standgewässern
(2005, XIX, 163 Seiten) € 48,80

140. Lagendijk, Vincent
Stofftransportvorgänge in Festgesteinsaquiferen: Analyse von Tracerdurchbruchskurven zur Identifikation eines geeigneten Mehrkontinuum-Ansatzes
(2005, XX, 215 Seiten) € 49,80

141. Christoph Schweim
Modellierung und Prognose der Erosion feiner Sedimente
(2005, XX, 180 Seiten) € 48,80

142. versch. Vorträge
Internationales Wasserbausymposium Aachen 2005: Energie und Wasserkraft – zum 100. Todestag von Otto Intze (1843-2004)
(2005, XIV, 267 Seiten) € 32,80

143. Martin Spiller
Physical and Numerical Experiments of Flow and Transport in Heterogeneous Fractured Media: Single Fracture Flow at High Reynolds Numbers, and Reactive Particle Transport
(2005, XXVII, 252 Seiten) € 49,80

144. Jens Reuber
Physikalische und Numerische Simulation von Stauraumkanälen mit unten liegender Entlastung
(2006, XX, 155 Seiten) € 48,80

145. Thomas Vogel
Characterization and Sensitivity Analysis of Tracer Breakthrough Curves with respect to Multi Continuum Modeling
(2006, XXVI, 253 Seiten) € 49,80

Bisher erschienene Mitteilungen des Instituts für Wasserbau und Wasserwirtschaft

70. Pelka, Barbara
Modelle zur Berechnung mehrschichtiger Grundwasserleiter auf der Basis von finiten Elementen
(1988, 179 Seiten) € 15,40

71. versch. Vorträge
Wasserbau-Seminar Wintersemester 87/88 („Wasserbau und Landschaftspflege")
(1988, 328 Seiten) € 24,60

72. Schulte, Hendrik
Zur numerischen Simulation abgelöster turbulenter Strömungen mit der Finite-Elemente Methode
(1989, 183 Seiten) € 15,40

73. Dorgarten, Hans-Wilhelm
Das Verhalten hydrophober Stoffe in Boden und Grundwasser
(vergriffen) € 15,40

74. Kolder, Wilhelm
Die Bedeutung der Wasserwirtschaft im Bereich des Steinkohlebergbaus am Beispiel des Ruhrbergbaus
(1989, 181 Seiten) € 15,40

75. versch. Vorträge
Wasserbau-Seminar Wintersemester 88/89 („Informationsverarbeitung in der Praxis von Wasserbau und Wasserwirtschaft")
(1989, 311 Seiten) € 24,60

76. Stein, Claus Jürgen
Mäandrierende Fließgewässer mit überströmten Vorländern - Experimentelle Untersuchung und numerische Simulation
(vergriffen) € 15,40

77. Daniels, Helmut
Numerische Berechnung instationärer Strömungsvorgänge in Wärmespeichern
(1990, 281 Seiten) € 19,50

78. versch. Vorträge
Wasserbau-Seminar Wintersemester 89/90 („Stauanlagen im Wandel der Anforderungen")
(vergriffen) € 24,60

79. Nacken, Heribert
Operationelle Abflußvorhersage mit Echtzeit-Simulationssystemen unter Einbezug des Kalman Filters
(1990, 159 Seiten) € 15,40

80. Ritterbach, Eckard
Wechselwirkungen zwischen Auenökologie und Fließgewässerhydraulik und Möglichkeiten der integrierenden computergestützten Planung
(vergriffen)

81. versch. Vorträge
Wasserbau-Seminar Wintersemester 90/91 („Schadstofftransport in Grund- und Oberflächengewässern")
(vergriffen) € 24,60

82. Weiss, Peter
Ein Beitrag zur Planung und Projektierung von Kleinwasserkraftanlagen
(1992, 270 Seiten) € 19,50

83. Beyene, Mekuria
Ein Informationssystem für die Abschätzung von Hochwasserschadenspotentialen
(1992, 147 Seiten) € 10,30

84. Patt, Michael
Planung und Ausführung von Flußumleitungen im Talsperren- und Flußkraftwerksbau
(1992, 197 Seiten) € 15,40

85. versch. Vorträge
Wasserbau-Symposium Wintersemester 91/92 („Ökologie und Umweltverträglichkeit")
(1992, 373 Seiten) € 24,60

86. Höttges, Jörg
Zur Methodik der numerischen Simulation von Stoffausbreitungsvorgängen in Fließgewässern
(1992, 121 Seiten) € 10,30

87. Ruland, Peter
Numerische Simulation des Sedimenttransports unter Verwendung eines objektorientierten Geographischen Informationssystems
(1993, 180 Seiten) € 15,40

88. versch. Vorträge
Wasserbau-Symposium Wintersemester 1992/93 (Kritische Situationen an Gewässern)
(1993, 342 Seiten) € 24,60

89. Eichner, Horst
Ein integriertes Programmverwaltungs- und Informationssystem für großräumige wasserwirtschaftliche Planungen
(vergriffen) € 19,50

90. versch. Vorträge
Feststofftransport und Gewässerökologie - Möglichkeiten der Berechnung und Risikobewertung
(vergriffen) € 22,50

91. Feldhaus, Rainer
Zur hydrodynamisch-numerischen Simulation von Mischwasserspeichern
(1993, 150 Seiten) € 15,40

92. Mohn, Rainer
Zur Modellähnlichkeit des Kavitationsbeginns in abgelöster turbulenter Strömung
(1994, 184 Seiten) € 15,40

93. Birkhölzer, Jens
Numerische Untersuchungen zur Mehrkontinuumsmodellierung von Stofftransportvorgängen in Kluftgrundwasserleitern
(1994, 232 Seiten) € 19,50

94. Honert, Reinhard
Altlast-Datenverarbeitung mit wissensbasierten Informationssystemen
(1994, 222 Seiten) € 19,50

95. Braxein, Axel
Dreidimensionaler Modellierung von Mehrphasenströmungs- und Stofftransportvorgängen in porösen Medien
(1995, 120 Seiten) € 13,30

96. versch.Vorträge
Wasserbausymposium 1993/94: Umweltverträglichkeitsprüfung, Umweltverträglichkeitsuntersuchung und moderne Informationstechnologie in der Praxis
(1995, 306 Seiten) € 24,60

97. Höttges, Jörg
Zum Einfluß von Querschnitts- und Rauheitsgliederung auf den Ausbreitungsvorgang in Gerinneströmungen
(1995, 128 Seiten) € 13,30

98. Romunde, Bernd
Zur inversen Modellierung großräumiger Multiaquifer-Systeme
(1995, 154 Seiten) € 15,40

99. Hoffmann, Markward
Automatische Generierung von FE-Netzen für Scheibenkonstruktionen am Beispiel von Gewichtsstaumauern
(1995, 195 Seiten) € 15,40

100.
noch nicht erschienen

101. Leucker, Roland
Analyse instationärer Strömungsphänomene zur Vorhersage des Kavitationsbeginns
(1995, 151 Seiten) € 15,40

102. Forkel, Christian
Die Grobstruktursimulation turbulenter Strömungs- und Stoffausbreitungsprozesse in komplexen Geometrien
(1995, 195 Seiten) € 19,50

103. Jokiel, Christian
Gewässergütesimulation natürlicher Fließgewässer
(1995, 135 Seiten) € 15,40

104. versch. Vorträge
Wasserbausymposium 1994/95: Hochwasser – Naturereignis oder Menschenwerk?
(1997, 264 Seiten) € 30,60

105. versch. Vorträge
Wasserbausymposium 1995/96: Computationals Fluid Dynamics – Bunte Bilder in der Praxis?
(1997, 292 Seiten) € 38,90

106. Kuck, Andreas
Zur Modellierung der Zwei-Phasen-Strömung koagulierender Stoffe in Scherkraftabscheidern
(1997, 160 Seiten) € 20,30

Bisher erschienene Mitteilungen des Instituts für Wasserbau und Wasserwirtschaft

107. Haase, Michael
Raumbezogene Datenstrukturen für die hydrologische Modellierung
(1997, 184 Seiten) € 23,50

108. Schröder, Paul-Michael
Zur numerischen Simulatione turbulenter Freispiegelströmungen mit ausgeprägt dreidimensionaler Charakteristik
(1997, 160 Seiten) € 20,30

109. Lehmkühler, Arno
Zur Sicherheit von Talsperren im Hochwasserfall
(1997, 168 Seiten) € 20,30

110. Chen, Dahong
Numerische Simulation von Strömungsvorgängen mit der „Arbitrary Lagrangion Eulerian Method" (ALE-Methode)
(1997, 168 Seiten) € 20,30

111. versch. Vorträge
Wasserbausymposium 1997: Wasserbau – Architektur der Landschaft
(1997, 376 Seiten) € 39,90

112. Boettcher, Roland
Integrale Entwicklungsplanung für Stromlandschaften
(1997, 292 Seiten) € 26,60

113. Opheys, Stefan
Numerische Untersuchungen zur Dispersion in anisotrop heterogenen, porösen Medien
(1997, 194 Seiten) € 23,50

114. Spork, Volker
Erosionsverhalten feiner Sedimente und ihre biogene Stabilisierung
(1997, 184 Seiten) € 23,50

115. versch. Vorträge
Wasserbausymposium 1998: Wasserwirtschaftliche Systeme. Konzepte, Konflikte, Kompromisse
(1998, 498 Seiten) € 45,50

116. Bodarwé, Josef H.
Physikalische und Numerische Untersuchungen zum Einfluß sekundärer Strömungseffekte auf die Permeabilität von Einzeltrennflächen
(1999, 168 Seiten) € 20,30

117. Ackermann, Thomas
Optimale Regelung von Fließgewässern
(1999, 152 Seiten) € 20,30

118. Jansen, Dietmar
Identifikation des Mehrkontinuum-Modells zur Simulation des Stofftransportes in multiporösen Festgesteinsaquiferen
(1999, 272 Seiten) € 26,60

119. Bergen, Olaf
Die Large-Eddy Simulation von Strömungen in natürlichen Seen und Talsperrenspeichern mit der Finite Elemente Methode
(1999, 144 Seiten) € 20,30

120. versch. Vorträge
Internationales Wasserbausymposium Aachen 1999: Flüsse- Von der Quelle bis ins Meer
(1999, 260 Seiten) € 39,90

121. versch. Vorträge
Internationales Wasserbausymposium Aachen 2000: Verkehrswasserbau
(2000, 383 Seiten) € 39,90

122. Buchholz, Oliver
Hydrologische Modelle – Theorie der Modellbildung und Beschreibungssystematik
(2001, 326 Seiten) € 35,30

123. Gitschel, Christoph
Computergestützte Generierung hydrologischer Simulationsmodelle
(2001, 176 Seiten) € 35,30

124. versch. Vorträge
Internationales Wasserbausymposium Aachen 2001: Wasser – Katastrophe – Mensch
(2001, 332 Seiten) € 39,90

125. Jansen, Christoph
Numerische Untersuchung des Dichteeinflusses auf das Dispersionsverhalten in heterogenen porösen Medien
(2001, XIX, 138 Seiten) € 35,30

126. Baur, Tillmann
Zum Einfluss kohärenter Wirbelstrukturen auf den Kavitationsbeginn in einer turbulenten Scherschicht
(2002, XXII, 123 Seiten) € 35,30

127. versch. Vorträge
Internationales Wasserbausymposium Aachen 2002: Gewässergüte: Mechanismen – Modelle – Methoden
(2002, XVII, 397 Seiten) € 39,90

128. Liem, Rosi
Zur Verwendung der Flachwassertheorie bei der Simulation von Dammbruchwellen
(2003, XXI, 166 Seiten) € 35,30

129. Schlaeger, Frank
Gewässergütesimulation von Fließgewässern als Grundlage der langfristigen Flussgebietsbewirtschaftung
(2003, XXV, 201 Seiten) € 35,30

130. Forkel, Christian
Numerische Modelle für die Wasserbaupraxis: Grundlagen, Anwendungen und Qualitätsaspekte
(2004, XXXII, 409 Seiten) € 49,80

131. versch. Vorträge
Internationales Wasserbausymposium Aachen 2003: Trends der Wasserwirtschaft – reagieren oder agieren
(2004, XVI, 366 Seiten) € 32,80

132. Sewilam, Hani
NeuroFuzzy Modeling for Conflict Resolution in Irrigation Management
(2004, XVI, 163 Seiten) € 48,80

133. Baalousha, Husam Musa
Risk Assessment and Uncertainty Analysis in Groundwater Modelling
(2004, XVI, 153 Seiten) € 48,80

134. Detering, Michael
Modellgestützte Regelung von Stauhaltungssystemen und Laufwasserkraftanlagen
(2004, XVIII, 230 Seiten) € 49,80

135. Schwanenberg, Dirk
Die Runge-Kutta-Discontinuous-Galerkin-Methode zur Lösung konvektionsdominierter tiefengemittelter Flachwasserprobleme
(2004, XVIII, 160 Seiten) € 48,80

136. versch. Vorträge
Internationales Wasserbausymposium Aachen 2004: Hochwasserschutz - eindeichen oder ausweichen
(2005, XIV, 311 Seiten) € 32,80

137. Demny, Gerd
Erschließung der automatischen Strömungsoptimierung zur Lösung von Gestaltungsaufgaben im Wasserbau
(2005, XXII, 203 Seiten) € 49,80

138. Schramm, Jens
Eindimensionale Berechnung instationärer und diskontinuierlicher Strömungen in abflussschwachen naturnahen Fließgewässern
(2005, XX, 216 Seiten) € 49,80

139. Rettemeier, Katja
Strömungsphänomene in Standgewässern
(2005, XIX, 163 Seiten) € 48,80

140. Lagendijk, Vincent
Stofftransportvorgänge in Festgesteinsaquiferen: Analyse von Tracerdurchbruchskurven zur Identifikation eines geeigneten Mehrkontinuum-Ansatzes
(2005, XX, 215 Seiten) € 49,80

141. Christoph Schweim
Modellierung und Prognose der Erosion feiner Sedimente
(2005, XX, 180 Seiten) € 48,80

142. versch. Vorträge
Internationales Wasserbausymposium Aachen 2005: Energie und Wasserkraft – zum 100. Todestag von Otto Intze (1843-2004)
(2005, XIV, 267 Seiten) € 32,80

143. Martin Spiller
Physical and Numerical Experiments of Flow and Transport in Heterogeneous Fractured Media: Single Fracture Flow at High Reynolds Numbers, and Reactive Particle Transport
(2005, XXVII, 252 Seiten) € 49,80

144. Jens Reuber
Physikalische und Numerische Simulation von Stauraumkanälen mit unten liegender Entlastung
(2006, XX, 155 Seiten) € 48,80

145. Thomas Vogel
Characterization and Sensitivity Analysis of Tracer Breakthrough Curves with respect to Multi Continuum Modeling
(2006, XXVI, 253 Seiten) € 49,80

Bisher erschienene Mitteilungen des Instituts für Wasserbau und Wasserwirtschaft

146. versch. Vorträge
Internationales Wasserbausymposium Aachen 2006: Spannungsfeld Fließgewässer
(2006, XIV, 309 Seiten) € 32,80

147. Christof Homann
Automatische Optimierung von Grundwasserhaltungen in von Hochwasser beeinflussten Aquiferen
(2006, XVI, 142 Seiten) € 45,80

148. versch. Vorträge
Internationales Wasserbausymposium Aachen 2007: Sicherheit und Risiko wasserbaulicher Anlagen
(2007, XV, 314 Seiten) € 32,80

149. Sylvia Briechle
Die flächenhafte Ausbreitung der Flutwelle nach Versagen von Hochwasserschutzeinrichtungen an Fließgewässern
(2007, XVI, 178 Seiten) € 48,80

150. Henning Ulf Schonlau
Zeitskalenübergreifende Berücksichtigung von partikulärem Stofftransport in einer Langfrist-Gewässergüteprognose für Fließgewässer
(2007, XXIII, 226 Seiten) € 49,80

151. Sebastian Rubbert
Entwicklung eines Langfristgewässergütemodells für flache Standgewässer
(2008, XXXII, 346 Seiten) € 49,80

152. Maren Niemeyer
Einfluss der Breschenbildung auf die Flutwellenausbreitung bei Damm- und Deichbrüchen
(2008, XVI, 220 Seiten) € 49,80

153. Andras van Linn
Automatische Optimierung zur Bewertung und Risikoanalyse einer Hochwasserschutzmaßnahme
(2008, XVIII, 138 Seiten) € 45,80